프런티어 걸들을 위한
과학자 편지

에이다 러브레이스 마리아 지빌라 메리안 매리 킹슬리 마거릿 해밀턴

The Letters for Frontier Girls

프런티어 걸들을 위한 과학자 편지

유윤한 지음

시대를 앞서간 여성 과학자들이 보내온 우정과 연대의 목소리

우젠슝 그레이스 호퍼 엘리자베스 블랙웰 템플 그랜딘

궁리
KungRee

대학교 때 과학 교육을 전공했지만, 정치학 강의를 무척 흥미롭게 들었던 기억이 납니다. 심지어 학점을 따기 위해 꼭 들어야 하는 수업이 아닌데도 관심이 생겨 강의를 들으러 갔지요. 몇백 명이 듣는 대규모 강의는 수강신청을 하지 않는 학생이 한두 명 있어도 교수님은 잘 모르셨어요. 그래서 정규 수강생들 사이에 슬쩍 끼어 앉아 저만의 지적 호기심을 채우곤 했어요.

제가 들었던 정치학 강의는 '정치와 엘리트'라는 주제를 다루었어요. 하지만 워낙 오래전 일이고, 정말 편한 마음으로 들어서 내용이 거의 기억나지 않네요. 그런데 당시 교수님이 들려주셨던 공부법에 대한 가르침은 나중에 제가 작가와 번역가로서 살아가는 데 큰 도움이 되었어요. 책을 읽고 어떻게 정리해야 할지를 잘 알려주셨거든요. 게다가 교수님은 여학생들 대부분이 취직하지 않고 적당히 시간을 보내다 결혼하던 세태에 대해 따끔하게 조언해주셨어요. 항상 열심히 공부하라고, 자신의 일을 꼭 찾았으면 좋겠다고 강조하셨지요. 놀라운 것은 이분이 나이 지긋한 남자 교수님이었다는 사실이에요. 여성들의 어려움을 날카롭게 꿰뚫어 보고 계셨지요.

저는 그사이 수십 권의 책을 내고 나서, 문득 교수님이 어떻게 지내시는지 궁금해졌어요. 교수님은 저를 모르시지만, 저는 교수님 덕분에 사회와 역사를 보는 안목을 키우고 책 읽고 글쓰는 법을 터득했으니 이보다 더한 은인도 없다는 생각이 들었어요. 교수님 성함을 구글링해보니 이미 은퇴하셨고, 교수님의 명언 모음이 인터넷 바다에서 열렬한 지지를 받으며 떠돌고 있었어요. 저는 교수님이 강단에서 남기신 명언에 '역시!' 하며 무릎을 탁 쳤고, 곧 이 책의 원고에도 반영했지요.

교수님은 철없는 여대생들을 향해 이렇게 말씀하시면서 미국에서 여성 대통령보다 흑인 대통령이 먼저 나타날 거라고 예측하셨어요.

"흑인보다 더 아래에 여성이 있다. 그리고 너희들이 공부 못하고 가난하다고 비웃는 남성들보다 사실은 너희 여대생이 더 아래에 있다."

최초의 흑인 우주비행사 메이 제머슨은 이 책의 편지에서 교수님의 예측과 비슷한 말을 하고 있어요.

"사실 백인 여성들은 큰 착각을 하고 있어요. 자신들이 백인 남성들보다는 못하지만, 흑인 남성들보다는 우월한 사회계층이라고 생각하지요. 물론 1983년에 백인 여성과 흑인 남성은 우주선에 같이 탈 수 있었어요. 하지만, 결국 2009년 미국 대통령에 흑인 남성이 먼저 당선되었다는 것을 알아야 해요.

좋은 집안에서 자라 최고의 교육을 받은 여성인 힐러리 클린턴은 가난한 집안에서 자란 흑인 남성 버락 오바마를 우습게 봤겠지만, 국민이 선거에서 택한 것은 오바마였어요.

다른 것은 볼 필요도 없어요. 현재 정치와 경제, 교육과 문화 각 분야에 여성이 얼마나 진출해 있는지를 파악하면 돼요. 세상의 절반은 여성이지만, 권력이 있고 주도적이고 능동적인 분야로 가보면 어느새 여성은 거의 사라지고 말아요. 이 책에 나오는 패리사 태브리즈가 일하는 구글만 해도 여성 직원의 비율이 30퍼센트 정도에 지나지 않아요. 앞으로 인공지능이 세상을 지배할 거라고 하는데, 인공지능을 다루는 소프트웨어 분야에서 여성의 비율은 미국이 20퍼센트 정도이고, 우리나라는 10퍼센트를 겨우 넘어서고 있어요. 그나마 시스템 전체를 통제하는 부분으로 들어가면 그 비율은 훨씬 더 낮아져요.

그러고 보니 교수님의 명언 중 투박한 경상도 사투리로 던져주신 한 마디가 기억에 남아요.

"너거들. 자기 검열 하지 말래이."

이게 무슨 말인고 하니 일종의 착한 여자 콤플렉스를 말씀하시는 것 같았어요. 이 책에 나오는 과학작가이자 탐험가 매리 킹슬리는 부모님이 돌아가시고, 자기밖에 모르는 이기적인 남동생이 중국으로 떠난 뒤에야 가족을 돌보는 착한 딸의 의무에서 벗어나 탐험가가 되지요. 하지만 작가이자 강연가로 성공한 이후에도 혹시 튀어서 남성 학자들의 공격을 받을까봐 스스로 페미니즘을 거부하고 몸을 낮추지요. 서른 살이 될 때까지 교육도 받지 못하고 집안일만 하면서 가족을 위해 희생한 착한 딸로서 자기 검열을 한 거예요. 그리고 스스로에게 '나대지 마.'라고 옐로 카드를 던지고 조용히 살기로 한 거지요. 몇 년 후 그녀는 전쟁터에서 부상당한 군인들을 간호하다 전염병에 걸려 세상을 떠나게 돼요. 탐험가나 작가로서 경력은 이제 막 시작이었는데 말이에요.

매리 킹슬리는 사회적인 편견이나 지탄에 대한 막연한 두려움을 이기지 못해 자신을 다른 사람이 만든 한계 속에 가두고 말았어요. 하지만 앞에서 예로 든 메이 제머슨은 어릴 때 흑인을 탄압하는 군인에게 공포심을 느낀 뒤, 스스로에게 이렇게 선언했다고 해요.

"앞으론 절대 두려움 앞에 굴복하지 않겠어."

그런데 이와 똑같은 말을 BTS의 노래에서도 들은 적이 있어요. 〈Not Today〉를 듣는데, 이런 가사가 흘러 나왔어요.

"날아갈 수 없음 뛰어… 뛰어갈 수 없음 걸어… 걸어갈 수 없음 기어… Throw it up! Throw it up! 니 눈 속의 두려움 따위는 버려."

맞아요. 언제나 뛰어난 사람들은 자기 안의 두려움을 떨칠 줄 아는 법이에요.

이 책에 나오는 핵물리학자 우젠슝은 두려움을 어떻게 떨쳐냈는지를 고백하고 있어요.

"아버지가 자주 해주시던 말을 떠올리며 힘을 냈어요. '장애물은 무시해라. 고개를 숙이고 계속 앞으로 나아가라.' 난 아버지의 말대로 불안과 걱정 같은 장애물을 떨치고, 내가 할 과학 연구만을 생각하며 앞으로 계속 나아갔어요."

그런데 두려움과 싸워 이긴다고 문제가 전부 해결되지는 않아요. 꿈을 이루려는 우리의 발목을 잡는 현실이 만만치 않거든요. 그럴 때 상어 전문가 유지니 클라크가 얼마나 지혜롭게 목표물을 향해 나아갔는지를 배우면 돼요. 그녀는 이 책의 편지에서 이렇게 고백하고 있어요.

"내 학비를 대느라 엄마가 모아놓은 돈을 거의 다 썼기 때문에 당장 일을 해야 했어요. 그래서 우선 뉴저지에 있는 플라스틱 연구소에 화학연구원으로 취직했어요."

꿈은 어류학자였지만, 당장 생계를 유지해야 할 땐 잠시 화학연구소에서 원하지 않은 일을 하면서 시간을 보낼 수도 있는 거예요. 잠시 숨을 고르며 조금 먼 길로 돌아가는 거지요. 그렇게 돌아가면서 내가 삶에서 진정으로 이루고 싶은 것은 무엇인지도 다시 한번 생각해볼 수 있지요.

이 책엔 여성 과학자 스물다섯 명의 편지가 실려 있어요. 지금까지 살짝 예로 든 것보다 더 알차고 감동적인 이야기들이 많지요. 이들의 이야기를 통해 여성이라는 약점을 딛고, 어떻게 꿈을 이루는 삶을 살 수 있는지 알아보세요. 꿈이 있는 사람은 꿈을 이루기 위해, 꿈이 없는 사람은 꿈을 찾기 위해 과학자 언니들의 편지에 귀기울여보는 거예요. 미래를 준비하는 여성이라면 누구나 이들을 멘토 삼아 인생의 고비를 용기있게 넘어갈 희망을 만날 수 있을 거예요. 그리고 여성이 아니라도 좋아요. 어려운 환경에서도 꿈을 잃지 않고 자신만의 길을 당당하게 걷는 법을 배우고 싶은 사람은 누구라도 이들의 편지에서 소중한 힌트를 발견하게 될 거예요. 앞으로 살아가는 내내 힘이 되어줄 메시지를 만날지도 모르지요.

차례

3부

남성보다 무한히 많은 장애물에 당당히 맞서다

4부

지금 하고 있는 일을 진정으로 사랑하다

5부

무슨 일이든 스스로 생각하고 행동하다

1부

변화를 두려워하지 않는 용기를 가지다

에이다 러브레이스　　　제인 구달　　　우젠슝　　　패리사 태브리즈　　　메이 제머슨

I

Ada Lovelace(1815~1852)

세계 최초의 컴퓨터 프로그래머
에이다 러브레이스의 편지

인간의 머리와 손에 의존하지 않고, 기계 스스로 베르누이 수를 구할 수 있다는 것을 보여주고 싶다.
이 기계는 숫자 이외의 것도 다룰 수 있어 아주 정교하고 과학적인 음악도 작곡할 것이다.
— 에이다 러브레이스

가끔 내가 200년만 늦게 태어났더라면 하는 생각이 들 때가 많아요. 인공지능 스피커에게 "이번 주말 파티에 입고 갈 드레스 좀 주문해줘. 이번 달에 출간할 논문도 교정 봐서 인쇄소로 보내주고. 100부 인쇄해서 학회 회원들에게 발송해주는 것도 잊지 말아야 해. 아, 맞다. 찰스 배비지 선생님께는 특별히 10부 발송해야 돼."라고 말만 하면 알아서 일을 해줄 테니까요. 이런 비서가 주부로서, 엄마로서, 백작 부인으로서 내가 해야 할 일들을 알아서 해준다면, 그 사이에 해석 기관에 들어갈 새로운 프로그램을 더 많이 짤 수 있을 텐데 말이에요. '베르누이 수'를 구하는 것과 같은 딱딱한 프로그램은 이미 짜보았으니까, 음악을 작곡하거나 멋진 그림을 그리는 재미있는 프로그램도 만들고 싶거든요.

사람들은 완성되지도 않은 기계를 위해서 프로그램을 짜는 날더러 '괴짜 백작 부인'이래요. 귀족 부인이라면, 인문학 책을 읽으며 교양을 쌓고, 춤과 음악을 배워 화려한 사교계의 내공을 쌓아야 하는데 난 그렇지 않았어요. 매일 펜이 닳아없어질 때까지 수학 계산을 하거나 만들어지지도 않은 기계를 위해 프로그램을 짰어요. 이런 일이 얼마나 중요한 의미가 있는지를 알아주는 사람은 해석 기관을 만든 배비지 선생님과 나보다 100년 뒤에 태어날 앨런 튜링밖에 없었지만 말이에요. 그래서 난 외로웠고, 나중에 수학 계산을 도박에 써먹으며 방탕하게 살기도 했어요. 200년 뒤에 인공지능이 나타나 꿈꾸던 세상이 찾아오고, 그런 세상의 출발점이 바로 내가 짠 프로그램이라는 사실을 알았더라면, 그렇게 허무하게 인생을 낭비하지 않았을 텐데 말이에요.

지금부터 내 삶의 이야기를 들어보고, 인공지능의 시작점을 찍고도 제대로 평가받지 못했던 이유에 대해 한번쯤은 생각해주길 바라요.

발명 아이디어를 기록하는
조숙한 아이
:

난 1815년 영국 런던에서 태어났어요. 아버지는 유명한 시인 바이런 경이에요. 어머니는 어렸을 때부터 기하학을 아주 좋아했고 수학에 재능이 있었어요. 아버지는 그런 어머니를 보고 '평행사변형 공주'라 불렀다고 해요. 두 분은 결혼하기 전부터 의견 차이가 많았어요. 어머니는 유명한 시인인 남편을 자랑하고 싶어 호화로운 결혼을 원했고, 아버지는 반대로 조용한 결혼식을 원했다고 해요. 어머니는 나를 낳을 무렵 큰 걱정이 생겼대요. 아버지가 어머니 외에 다른 여자들을 좋아했고, 기이한 행동을 많이 했기 때문이에요. 게다가 매일 아버지는 "영광스러운 아들을 낳아야 해."라고 노래를 불러서 어머니의 마음을 불편하게 했어요. 결국 아들이 아닌

· 1부. 변화를 두려워하지 않는 용기를 가지다 ·

딸이 태어나자 아버지는 아주 크게 실망했다고 해요.

난 아버지의 얼굴을 기억하지 못해요. 왜냐하면 내가 태어나고 한 달 뒤 부모님이 이혼했기 때문이에요. 어머니의 말에 따르면 아버지가 많은 문제를 일으켰기 때문에 갓난아기인 나를 꽁꽁 싸매 안고, 외갓집으로 도망왔다고 해요. 당시 영국 법률에선 이혼할 경우 아버지에게 아이 키울 권리를 줬어요. 하지만 아버지는 마치 기다렸다는 듯이 외국으로 나가 자유롭게 살면서 나를 데리러 오지 않았어요. 양육권을 주장하기는커녕 오히려 어머니가 날 데려간 걸 다행이라고 생각하는 눈치였어요. 자신의 딸이 어떻게 자라고 있는지 궁금하지도 않았나봐요.

서른여섯 살의 젊은 나이로 죽기 전에 아버지는 친구에게 보낸 편지에서 전처와 화해해서 세 식구가 모여 함께 살고 싶다고 했대요. 이런 말을 들을 때면 아버지가 더 오래 살았다면 나를 찾아왔을지 궁금하기도 해요. 그런데 어머니가 아버지를 미워했기 때문에 나를 만나기는 쉽지 않았을 거예요. 어머니는 내가 아버지의 초상화를 보는 것조차 허락하지 않을 정도였으니까요.

어머니는 수학말고도 여행을 아주 좋아했어요. 외할머니 손에 나를 맡기고 자주 여행을 떠났고, 나는 혼자 놀 때가 많았어요. 나를 따라다니는 유일한 친구가 있다면 수시로 떠오르는 생각을 적어두는 노트였어요. 난 이 노트에 발명하고 싶은 것들을 그리기도 했지요. 그중에는 하늘을 날아다니는 기계도 있었어요. 이 기계는 말처럼 생겼고, 증기 기관으로 움직였지요. 하늘을 날 땐 날개가 펼

열일곱 살 때 모습

쳐졌어요. 이 기계를 타고 날아
다니는 모습을 상상하며, 엄마
도 친구도 없이 혼자 노는 외로
움을 달래곤 했어요.

어머니는 내가 아버지를 닮
아 감정에 휘둘리는 바람기 많
은 시인이 될까봐 걱정했어요.
그래서 네 살 때부터 내게 수학
과 과학을 가르쳐 이성적이고
논리적인 사람으로 키우려고 했지요. 당시엔 여성을 받아주는 학
교가 없었기 때문에 난 가정교사들에게 이런 과목들을 배웠어요.
다행히 어머니는 부유한 귀족이었기 때문에 명문대학의 교수와 같
은 훌륭한 선생님들을 가정교사로 데려왔지요.

난 어머니의 기대를 저버리지 않고 수학 공부를 아주 잘 해냈어
요. 심지어 수학을 아주 좋아하기까지 했어요. 십대 시절 어머니에
게 쓴 편지에는 "수학 공부를 하면 할수록 내가 이 분야에 재능이
많다는 생각이 들어요."라고 쓰기도 했어요. 사실 난 아버지를 닮
아 자신을 천재라고 느끼며 잘난 척하는 면이 좀 있었어요. 그래서
나중에 수학 분야에서 아버지만큼 유명한 사람이 될 거라고 스스
로를 믿었지요. 선생님들도 나의 재능을 칭찬했고, 당대의 유명한
수학자이자 케임브리지 대학의 수학 교수였던 찰스 배비지 선생님
에게 소개시켜주기도 했어요.

나이와 성별을 뛰어넘은 동료,
찰스 배비지 선생님
:

1791년에 태어난 배비지 선생님은 젊은 시절부터 천재 수학자로 유명했어요. 선생님은 어느 날 자신의 집 창고에 귀족들을 불러 모았어요. '차분 기관'이라는 자동 계산기의 모형을 보여주면서 설명하기 위해서였어요. 나도 어머니를 따라 이곳에 갔고, 증기 엔진으로 움직이는 계산 기계를 보고 큰 흥미를 느꼈어요. 대부분 귀족들은 선생님의 설명을 제대로 들으려 하지 않았어요. 구리와 철로 된 기계가 저절로 움직이니까 신기하게 바라볼 뿐이었어요. 하지만 난 배비지 선생님이 왜 그 기계를 만들었고, 어떤 원리로 움직이는지를 정확히 이해했어요. 그리고 새롭게 탐구할 영역을 발견한 것 같아 기뻤지요.

찰스 배비지

그날 이후 배비지 선생님과 나는 수학과 발명에 대한 서로의 관심사를 이야기하며, 토론하는 친구가 되었어요. 마흔두 살인 선생님은 겨우 열일곱 살인 나를 동료 수학자이자 발명가처럼 대해줬어요.

난 곧 윌리엄 킹과 결혼해 러

브레이스 백작 부인이 되었지만, 이후로도 배비지 선생님과 교류를 계속 이어갔어요. 귀족 부인으로서 가정에 충실하기 위해 좋아하는 수학 공부를 그만두거나 하지도 않았어요. 남편에게 의존하지 않아도 행복하게 살 수 있다는 것을 엄마를 통해 보았기 때문이에요. 나도 엄마처럼 결혼 생활을 이어가기보다는 내 꿈을 이루고 싶어했어요. 사실 내 인생에서 가장 행복한 순간은 수학 공부에 몰두할 때였거든요.

1833년 배비지 선생님이 '해석 기관'을 발명하면서 내 삶엔 큰 변화가 찾아왔어요. 물론 선생님의 발명품은 수백 페이지에 이르는 설계도만 완성한 단계였어요. 선생님은 그것을 가지고 해석 기관의 훌륭한 점을 널리 알려 제작비를 모아야 했어요. 마침 이탈리아의 한 수학자가 이 기계에 대한 논문을 프랑스어로 써서 발표했어요. 선생님은 내게 이 논문을 영어로 번역해달라고 하셨지요. 좀 더 많은 사람들에게 이 논문을 읽혀, 좀더 많은 제작비를 모으려고 하신 거예요.

해석 기관은 놀라운 기계였어요. 입력된 명령을 기억했다가 아주 복잡한 계산도 재빨리 할 수 있었어요. 오늘날 컴퓨터로 치자면, 중앙 처리 장치와 기억 장치를 가지고 있었지요. 게다가 답을 얻을 때까지 같은 과정을 되풀이하고, 조건에 따라 가장 알맞은 대안을 선택할 수도 있었어요. 오늘날 컴퓨터 연산에서 쓰이는 'if'나 'or'와 같은 계산이 가능했지요. 이 기계는 증기엔진으로 움직이는 거대한 원시 컴퓨터라고 보면 돼요.

난 수백 페이지에 이르는 설계도와 논문을 읽고, 해석 기관의 무한한 가능성에 감탄했어요. 이 기계에 명령을 입력할 때 쓰이는 천공 카드를 활용하면 아주 다양한 작업들을 수행할 수 있기 때문이에요. 배비지 선생님은 빠른 수학 계산만을 목적으로 해석 기관을 만드셨지만, 이 기계는 다른 목적을 위해서도 충분히 사용될 수 있었어요. 예를 들어 천공 카드로 입력하는 명령을 통해 계산 장치와 기억 장치를 적절히 움직이면 작곡도 할 수 있었어요. 또, 날아다니는 기계나 배의 설계도도 그릴 수 있어요. 음악이든 문자든 이미지든 숫자로 변환해 표현할 수 있는 것은 무엇이든 논리적인 명령을 통해 다룰 수 있는 기계였어요. 1과 0의 디지털 신호로 수많은 작업을 처리하는 오늘날 컴퓨터와 아주 비슷한 원리이지요.

앨런 튜링에게 인공지능의 힌트를 주다
:

나는 해석 기관이 조종하는 물건들이 발명될 미래를 생각하면서 논문 번역을 마쳤어요. 가슴이 두근거리는 기쁨을 맛보며 본문의 세 배에 가까운 해설을 첨가했지요. 이 해설에서 특정한 명령들로 이루어진 프로그램을 작성하여 '해석 기관'에 입력하면, 계산보다 더 복잡한 문제도 해결할 것이라고 주장했어요. 그리고 프로그램 작성에 필요한 알고리즘에 대해서도 설명했어요. 그 예시로 '베르누이 수'를 구하는 과정을 도표로 하나하나 그려 보여주었어요.

명령을 기억해 복잡한 계산도 재빨리 해내는 해석 기관

이것은 컴퓨터 속에서 하나의 복잡한 계산이 이루어지는 과정을 처음부터 끝까지 보여주기 때문에 훗날 세계 최초의 프로그램으로 인정받게 되었지요.

　사실 이 논문이 발표될 당시엔 내가 해설에서 무엇을 말하는지 이해하는 사람이 거의 없었어요. 내 생각이 시대를 많이 앞섰기 때문이에요. 배비지 선생님은 해석 기관을 결국 완성하지 못했고, 만들어지지도 않은 기계를 위해 프로그램을 짰던 내 업적은 이후 100년 가까이 사람들로부터 잊혀졌어요.

훗날 영국의 천재 수학자 앨런 튜링이 내 논문을 읽고 인공지능이 나타날 것이라고 예언했어요. 나는 사람이 입력한 다양한 명령을 실행하는 컴퓨터를 상상하는 데 그쳤지만, 튜링은 여기서 한 발 더 나아가 컴퓨터 스스로 생각하고 판단하는 인공지능을 생각해낸 거지요. 지금도 영국은 인공지능을 위한 소프트웨어 업계에선 최강국이에요. 어쩌면 내게서 시작된 전통을 앨런 튜링 같은 후배 과학자들이 잘 이어왔기 때문일 거예요. 살아생전엔 아무도 알아주는 사람이 없었지만 말이에요

1979년에 미국 국방성은 표준으로 사용할 프로그래밍 언어에 '에이다(Ada)'란 내 이름을 붙여주었어요. 현재 이 언어는 비행체들을 조종하는 프로그램에 쓰이고 있어요. 어린 시절 나는 하늘을 나는 기계를 만들고 싶어했는데, 뒤늦게나마 꿈이 이루어졌어요. '컴퓨터 프로그래밍'이라는 새로운 일을 찾아낸 '세계 최초의 프로그래머'로서 자부심을 느낍니다.

2

Jane Goodall(1934~)

유인원 연구에 새로운 길을 연
제인 구달의 편지

우리가 환경과 아름다운 조화를 이루지 못한다면,
결코 평화로운 세계에서 살지 못할 것이다.
— 제인 구달

살면서 가장 평화롭고 아름다운 기쁨을 맛보는 순간은 자연과 마주할 때예요. 20대 때 침팬지를 관찰하러 곰베의 숲에 들어갔을 때, 이전엔 상상해본 적도 없고 어떤 말로도 표현하기 어려운 신비로운 경험을 했어요. 해질 무렵 숲에 어둠이 내리는 동안, 아직 온기가 남아 따뜻한 나무의 줄기에 한 손을 얹은 채, 고요하고 잔잔한 호수 위로 비치는 달빛을 바라보고 있었지요. 그때 문득 시간을 관통하며 영원히 존재하는 신성하기까지 한 아름다움이 느껴졌어요. 그 순간의 감동은 나중에 내가 지구의 자연을 지키기 위해 헌신하게 된 계기가 되었지요.

우리는 식탁에 오르기 위해 끔찍한 고통을 당하고 도살의 공포를 견뎌낸 생물들의 고기를 즐겨 먹어요. 거의 매일 한두 번 이상은 먹지요. 때로는 필요한 것 이상으로 먹고, 남는 것은 아무렇지도 않게 내다 버려요. 그런데 이렇게 우리의 배를 채우기 위해 농장에서 길러진 동물들은 우리가 상상하는 것 이상으로 고통에 민감하고, 생명에 대한 애착을 가지고 있어요. 어떤 동물은 아주 지적이기까지 해요. 하나의 생명체로서 잔인하게 도살당하지 않고 살아갈 권리가 그들에게도 있지요.

난 침팬지를 연구하면서 영장류가 인간과 많이 닮았다는 사실을 깨닫고 충격을 받았어요. 인간과 유전자의 99퍼센트나 같은 침팬지는 인간처럼 희로애락을 느끼고, 그들만의 방식으로 결혼해 자식을 낳아 교육시키며 다음 세대를 위한 터전을 만들어가요. 그런데 인간은 개발을 이유로 이들의 서식지를 마구 파괴하고, 이들의 고기를 즐겨먹으며 결국 멸종으로 내몰고 있지요.

처음엔 침팬지를 비롯한 영장류의 권리를 보호하기 위해 환경 운동을 시작했어요. 하지만 곧 지구상의 모든 생명체가 어우러져 살아가는 생태계를 보호해야겠다는 생각이 들었어요. 생태계가 파괴되면 침팬지도 인간도 살아남기 어렵기 때문이에요. 지금처럼 우리가 동물을 학대해서 멸종시키고 환경을 오염시킨다면, 결국 생태계는 무너지고, 삶의 터전인 지구는 병들고 말 거예요.

20대 때 학비가 없어 대학 진학을 포기하고, 아프리카로 떠날 때만 해도 내가 침팬지와 인간의 유사성을 밝혀 학계를 뒤흔들 줄은 몰랐어요. 그리고 이렇게 지구 전체의 생태계를 지키는 일에 앞장서며 큰 영향력을 끼치는 사람이 될 줄은 상상도 못했지요. '대학도 나오지 못한 여자'라는 조롱을 받았던 내가 어떻게 생태계를 지키기 위한 환경운동가가 되었는지 들려줄게요.

아프리카의 꿈을 키워준
타잔과 둘리틀 박사
:

난 1934년 영국 런던에서 태어나 해안도시인 본머스에서 자랐어요. 두 살 때쯤 잠자리 한 마리가 내게로 날아왔던 기억이 어렴풋이 나요. 낯선 생명체를 신비롭게 바라보았지요. 그런데 한 남자가 그것을 툭 쳐서 떨어뜨리더니 발로 밟았어요. 아마 내가 놀랄까봐 그런 것 같아요. 아기였지만, 그 상황이 너무 무섭기도 하고 미안하기도 했어요. 나 때문에 잠자리가 죽었다는 생각에 울음을 터뜨렸지요.

다섯 살 때는 몇 시간 동안 닭장에 숨어 있었어요. 알 낳는 것을 보기 위해서였어요. 그 사이에 가족들은 나를 찾아다니다가 경찰까지 불렀어요. 옷이 구겨진 채 밀짚투성이가 된 나를 닭장에서 겨우 찾아냈을 때 어머니는 꾸짖지 않았어요. 오히려 암탉이 어떻게 알을 낳는지 알아냈다고 신이 나서 이야기하자 끈기 있게 들어주었어요. 만일 이때 어머니가 야단쳤다면 동물 관찰에 대한 흥미가 사라졌을 것이고, 침팬지 전문가 제인 구달도 없었을 거예요.

어린 시절 내가 가장 좋아하는 책은 타잔과 둘리틀 박사가 나오는 동화였어요. 이 책들을 읽고 또 읽으며, 이들처럼 동물의 친구가 되어 함께 살고 싶다는 생각을 했어요. 아프리카 같은 미지의 땅으로 가 그곳에 사는 동물 친구들에 대한 책을 쓰면, 타잔이나 둘리틀 박사의 이야기만큼 재미있을 것 같았지요.

열두 살 무렵 친구들과 '악어 클럽'이라는 동아리를 만들었어요. 우리는 동식물의 종류와 이름을 외우면서 놀았어요. 그리고 나이 든 말이 식용으로 팔려가는 것을 막기 위해 성금을 모으기도 했지요.

어렸을 때 부모님이 이혼한 뒤, 어머니와 함께 가난하게 살았어요. 1951년 고등학교를 졸업했지만 학비가 없어 대학엔 가지 못했지요. 생활비를 벌어야 했기 때문에 다큐멘터리를 만드는 영화사에 취직했어요. 하지만 언젠가는 아프리카로 건너가 동물들과 살아보겠다는 꿈만은 포기하지 않았어요.

1956년 친구 클리오가 놀라운 소식을 전해줬어요. 부모님이 케냐에서 농장을 하게 되었는데 일할 사람을 구한다고요. 내가 얼마나 아프리카에 가고 싶어하는지 잘 알았던 클리오는 부모님에게 내 이야기를 해두었다고 했어요. 그때부터 나는 식당 종업원으로 일하며 케냐로 떠나기 위한 경비를 벌었어요.

내가 농장에서 일하기 위해 아프리카로 간다고 하자, 주위 사람들은 모두 말렸어요. 당시 아프리카는 잘 알려지지 않은 위험한 땅이었어요. 그래도 내가 남성이었다면, 용기있다고 칭찬 한 마디 정도는 들었을 거예요. 하지만 여성이었기 때문에 무모한 행동을 저지르는 어리석은 아가씨로만 생각했던 것 같아요.

그런데 어머니만은 달랐어요. 아프리카를 향한 내 꿈을 잘 알고 있었기 때문에, 진정 원하는 일이라면 망설이지 말라고 하셨어요. 인생을 행복하게 사는 비결은 마음이 간절히 원하는 것을 따라가는 데 있다는 걸 아셨던 거지요.

나는 3주 동안이나 배를 타는 긴 여행 끝에, 꿈에도 그리던 아프리카에 도착했어요. 그리고 어머니에게 이런 편지를 썼어요.

"케냐가 정말 좋아요. 이곳은 원시 상태 그대로 자연이 살아 있는 거친 땅이에요. 언제 무슨 일이 일어날지 알 수 없고, 그만큼 흥미진진해요. 아, 믿을 수 없어요. 그토록 그리워하던 아프리카에 와 있다는 게…"

인간은 도대체 동물과
무엇이 다른가
:

그런데 곧 더욱 믿기 어려운 일이 일어났어요. 현지인의 소개로 루이스 리키 박사님을 만나면서, 내 꿈에 성큼 다가서게 된 거지요. 리키 박사님은 인류의 진화가 아프리카에서 시작됐다는 사실을 입증한 인류학자였어요. 마침 침팬지를 관찰해 인간과 비슷한 점을 발견할 사람을 찾던 중이었지요. 사실 난 그 일을 하기에 적합한 인물은 아니었어요. 대학교육을 받지 못했으니까요. 그래서 처음엔 박사님 부부의 비서로 일하며 화석 캐는 것을 도왔어요.

리키 박사님은 내가 끈기 있고 성실한 자세로 일하는데다가 동물을 무척 사랑하고, 지식도 풍부하다는 점을 마음에 들어하셨어요. 그리고 대학 교육을 받지 않았으니까 독창적인 관점으로 침팬지를 관찰할 수 있을 거라고 보셨지요. 1960년 난 박사님의 추천으로 연구비를 지원받아 케냐의 밀림 속에서 침팬지 연구를 시작하게 되었어요. 어머니와 현지인 요리사가 함께 밀림에 머물며 나를 도와주었지요. 처음에는 침팬지를 발견하기도 어려웠고, 간신히 찾아내 가까이 가면 어느새 도망가버리고 말았어요. 게다가 어머니와 난 번갈아 말라리아에 걸려 거의 죽을 뻔하기도 했어요.

맹수나 독사와 마주치는 등 많은 어려움이 따르는데다가 침팬지들이 나를 피했기 때문에 아무것도 보지 못한 채 지나가는 나날이 계속되었어요. 하지만 어렵게 침팬지 서식지를 알아낸 다음부터는 매일 그곳으로 찾아갔고, 한 마리 한 마리에게 이름을 붙이고 불러주었어요. 그들과 함께 생활하면서 친구가 되려고 노력했지요. 내 간절한 마음이 통했던 것일까요? 어느 날 데이비드라는 침팬지가 내가 있는 곳으로 찾아와 과일을 받아먹었어요. 이때부터 침팬지들의 친구로 받아들여지게 되었고, 좀더 가까이서 놀라운 현장들을 볼 수 있었지요.

가장 놀라운 장면은 수컷 침팬지가 긴 식물 줄기로 흰개미를 사냥하는 모습이었어요. 차라리 놀이에 가까웠어요. 나무줄기를 개미굴로 넣었다 뺀 뒤 그것에 묻은 흰개미를 핥아먹는 게 전부였으니까요. 더욱더 놀라운 것은 침팬지가 이파리를 떼고 정성껏 나뭇가지를 다듬어 개미 사냥 도구를 만드는 모습이었어요. 그때까지 학자들은 인간만이 도구를 사용할 수 있다고 생각했거든요.

이 중요한 발견을 계기로, 인간이 도대체 동물과 다른 점이 무엇인지를 다시 생각하게 되었어요. 그리고 내가 발견한 사실을 인류학자인 리키 박사님을 통해 학계에 보고하자, 학자들은 물론이고 일반인들까지 큰 관심을 보였지요. 《내셔널 지오그래픽》은 내가 침팬지를 더 깊이 연구할 수 있도록 자금을 지원했고, 현장을 기록할 뛰어난 사진작가 휴고 반 라윅을 보내주었어요.

침팬지 무리 중 인기 많은 암컷인 플로와 친해진 뒤 휴고가 왔

2017년 1월 스페인 마드리드에서 강연중인 제인 구달

기 때문에, 좋은 장면을 많이 찍을 수 있었어요. 플로가 1972년에 죽을 때까지 12년 동안 난 그녀의 사랑, 임신, 출산, 육아를 지켜보며, 침팬지에 대해 정말 많은 사실을 알게 됐어요. 인간의 유전자와 1퍼센트만 다른 것으로 드러난 이 동물은 사람처럼 복잡한 권력 질서를 유지하며 자신들만의 언어로 의사소통을 했어요. 그리고 성격도 저마다 달랐고, 희로애락을 느끼고 표현할 줄도 알았어요.

부모는 자식을 사랑했고, 동료들끼리 서로 질투도 했지요.

1971년, 그동안 관찰하고 연구한 사실들을 정리해 휴고가 찍은 사진과 함께 『인간의 그늘에서』란 책을 펴냈어요. 이 책은 곧 베스트셀러가 되었고, 이후 펴낸 『곰베의 침팬지』와 함께 나를 세계적인 유명인사로 만들어주었어요.

『인간의 그늘에서』에 실린 사진은 휴고가 찍은 것으로, 침팬지들이 영리하게 사람처럼 살아가는 모습을 담아 화제가 되었어요. 또 내가 침팬지들과 어울리는 모습을 아름다운 구도로 잡아낸 사진들은 지금도 '제인 구달'의 대표 사진으로 어디에서나 쓰이고 있어요. 아마 휴고가 나를 사랑하고 있었기 때문에 가장 아름다운 모습을 놓치지 않고 찍을 수 있었던 것 같아요.

휴고와 난 부부가 되었고, 밀림 속에서 함께 연구하며 아들 그립을 낳아 키웠어요. 그 사이 난 리키 박사님의 추천으로 케임브리지 대학에서 박사학위를 받게 되었지요. 물론 공부 과정이 순조롭지만은 않았어요. 내 연구 결과를 보고 감동한 리키 박사님이 케임브리지 대학에 나를 추천하자, 다른 학자들의 반발이 심했거든요. 그들은 대학도 나오지 않은 내가 과학 연구를 제대로 하지 못할 것이라고 생각했어요. 내 연구 방법을 비판하며, 기초도 갖추지 못한 채 감성적이기만 하다고 했지요. 또, 침팬지에게 1호, 2호, 3호…라는 숫자 대신 이름을 붙여주고, 침팬지마다 각기 다른 성격과 감정이 있다고 주장하는 것을 과학자답지 못한 태도라고 했어요.

하지만 나는 학자들의 오만한 비판에 조금도 흔들리지 않았어요. 침팬지에 1호, 2호란 이름을 붙였든 데이비드나 플로처럼 사람 이름을 붙여주었든 중요한 것은 누가 더 침팬지에 대해 많이 알고, 그들과 교류할 수 있는지예요. 어차피 학자들 중엔 나보다 더 침팬지를 잘 아는 사람도, 침팬지와 대화할 수 있는 사람도 없었거든요. 그리고 그동안 연구하고 관찰한 자료를 리키 박사님의 지도 아래 체계적으로 정리했기 때문에, 당시 누구라도 침팬지에 대해 연구하고 싶으면 내게 도움을 청하는 것이 가장 빠른 길이었어요. 그래서 난 꿋꿋하게 공부를 계속해 결실을 거둘 수 있었어요.

밀림에서 자신과의 싸움으로
일궈낸 연구
:

내 책이 널리 알려지고, 유명인사가 되다보니 터무니없는 소문에도 시달려야 했어요. 어떤 사람들은 내가 실력이 뛰어나서가 아니라 외모를 이용해 성공했다고 보았지요. 심지어 박사님과 나의 관계에 대한 거짓 이야기를 퍼뜨리는 사람도 있었어요. 정글에서 질병에 걸리고 맹수와 맞닥뜨리는 죽을 고비를 수도 없이 넘기며 이루어낸 업적에 오물을 끼얹어 한순간 물거품으로 만들려는 사람들이었어요. 침팬지 세계나 인간 세계나 시기와 질투로 눈이 먼 개체들은 언제든 있는 법인가봐요. 이런 개체들은 힘이 약한 암컷이나 어린 새끼들에게 더욱 잔인하게 굴지요. 난 침팬지 연구를 통해 그런 성질 나쁜 개체들을 다루는 법을 이미 터득하고 있었어요. 내

호주의 한 동물원에서 침팬지와 함께한 모습

가 옳다는 것을 아는 한, 그들의 태도에 신경쓰지 않고 내 할 일을
하는 것이지요. 그리고 미친 듯이 날뛸 땐 조용히 자리를 피해 지켜
보면 되고요.

　1965년 동물행동학 박사학위를 받은 뒤 난 탄자니아에 곰베 연
구센터를 세워 현재까지 침팬지 연구를 계속하고 있어요. 그런데
1986년 시카고에서 열린 야생동물 보호에 관한 학술회의에 참석
한 뒤부터는 연구 방향을 바꾸었어요. 그 회의에서 전 세계적으로
침팬지 서식지가 급속히 파괴되고 있다는 사실을 알게 됐기 때문
이에요. 인구가 늘어나면서 침팬지 서식지인 아프리카의 숲이 점
점 사라지고, 게다가 고기를 먹기 위해 침팬지와 다른 동물들을 마
구잡이로 사냥하는 사람도 있어요. 그래서 난 현재 세계 여러 곳을

다니면서 침팬지가 어떤 어려움에 처해 있는지, 그리고 환경을 지키려면 어떻게 해야 하는지를 널리 알리는 강연을 하고 있어요.

1991년부터는 탄자니아에서 '뿌리와 새싹'이라는 프로그램을 만들어 자연을 보호하려는 마음을 청소년에게 심어주고 있어요. 그리고 이런 노력을 인정받아 2001년 간디 킹 비폭력상을 받았고, 2002년 유엔 '평화의 대사'로 선정됐어요. 2003년엔 영국 엘리자베스 여왕으로부터 '데임' 작위를 받기도 했지요.

80세가 넘은 지금도 난 여전히 멸종위기 동식물을 구하고, 야생동물에 대한 잔인한 사냥을 막기 위해 싸우고 있어요. 싹은 연약해 보여도 벽을 뚫고 올라오는 것처럼, 한 사람 한 사람의 작은 노력이 모여 지구의 환경을 보호하고, 많은 야생동물들의 생명을 구할 수 있다는 것을 알리기 위해서 말이지요.

3

吳健雄 (1912~1997)

미국 물리학회 회장이자
핵물리학자 **우젠슝**의 편지

실험실을 나와 설거지해야 할 접시가 가득 쌓인 집으로
돌아가는 것보다 더 안 좋은 경우는 한 가지밖에 없다.
그것은 실험실에 아예 갈 수 없는 경우이다.

— 우젠슝

나는 1940년 버클리 대학에서 물리학 박사학위를 받은 뒤 스미스 여자 대학의 교수로 임용되었어요. 대학에서 학생들을 가르치는 일은 보람도 있고 즐거웠어요. 하지만 행복하지는 않았어요.

내가 물리학에서 가장 큰 흥미를 느끼는 분야는 핵분열반응이에요. 우라늄 같은 방사성 원소의 핵을 분열시켜 파괴적인 에너지를 얻는 것이 내 핵심 전공이지요. 아직 핵폭탄이 개발되기 전이라 이 분야의 인재는 드물었고, 방사성 원소를 제대로 다룰 줄 아는 사람도 거의 없었어요. 그런데 난 핵연쇄반응을 통제할 줄 아는 기술을 가지고 있었기 때문에 핵폭탄을 만들려는 미국 정부에 꼭 필요했지요.

하지만 처음엔 정부도 모교인 버클리 대학도 나의 이런 가치를 알아주지 않았어요. 그들에게 난 공부 열심히 해서 박사학위 받은 아시아계 여성에 지나지 않았고, 전원 남성인 버클리 대학 교수진으로 받아들이기엔 달갑지 않은 존재였어요. 정부에서 핵폭탄 개발을 위해 맨해튼 프로젝트를 추진할 때도 당연히 나를 빼놓았어요.

하지만 이 프로젝트를 이끄는 물리학자 오펜하이머는 핵반응에서 연쇄반응을 통제하려면 내 실험 기술이 필요하다는 것을 잘 알고 있었지요. 사실 물리학 실험은 내 첫사랑이자 운명 같은 거예요. 난 이 신비로운 세계의 매력에 첫눈에 반했고, 내 인생을 여기에 바치겠다고 결심했거든요. 그래서 스미스 대학에서 강의하는 동안 실험을 하지 못할 때엔 정말 괴로웠어요. 집에 돌아가면 주부로서 쌓여 있는 집안일을 해야 하지만, 밤늦게까지 실험실에 남을 수만 있다면 얼마든지 집안일은 뒤로 미룰 수 있었어요. 그래서 결국 밤을 새워 설거지를 하게 되더라도 실험만 할 수 있다면 괜찮다고 생각했지요.

실험에 대한 내 열정은 아이러니하게도 제2차 세계대전이 터지면서 보상받게 되었어요. 남자들이 전쟁터로 떠나면서 물리학을 가르칠 인력이 부족해지자, 결국 프린스턴 대학교에서 나를 최초의 여성 교수로 임용했어요.

어떻게 중국계 여성이라는 약점이 있는데도, 미국의 핵폭탄 개발 프로젝트에 참여할 수 있었는지 들려줄게요.

남녀 평등 교육을
실천하신 부모님
:
난 1912년 5월 중국 류허에서 삼남매 중 둘째로 태어났어요. 아버지가 지어주신 내 이름 젠슝에서 '슝'은 용감한 영웅이란 뜻이에요. 아버지는 내가 영웅처럼 살기를 원했고, 또 그렇게 살도록 평생 많은 가르침을 주셨지요. 매일 저녁 우리 삼남매에게 최신 과학 뉴스를 읽어주었고, 늘 많은 책을 읽고 질문하도록 격려해주셨어요.

당시 여성들은 직업을 갖지 않고, 결혼해서 주부로 살아가는 게 당연했어요. 그래서 학교에도 가지 않았지요. 아니, 여자아이들이 교육받을 수 있는 학교가 거의 없었어요.

하지만 아버지의 생각은 달랐어요. 여성도 남성과 함께 교육을 받고 동등한 권리를 누릴 수 있어야 한다고 생각했지요. 그래서 딸에게도 가장 좋은 교육을 받을 수 있게 해주려 하셨지요. 아버지는 류허에 여자아이들을 위한 학교가 없는 것을 안타까워하셨고, 직접 밍더 여자 학교를 세우셨어요. 당연히 나도 이 학교를 다녔어요. 어머니도 아버지를 도와 집집마다 찾아다니며 딸들도 교육을 시켜야 한다고 설득했어요. 그리고 여자아이의 발을 묶어 자라지 못하게 하는 전족이란 풍습을 버리도록 권했어요.

나는 4개 학년밖에 없는 밍더 학교를 졸업한 뒤, 열한 살이란 어린 나이에 공부를 더 하기 위해 고향을 떠나 쑤조우로 갔어요. 아버지의 친구 중 한 명이 이곳 학교의 교사였기 때문에 나를 보살펴주기로 했어요. 나는 학비가 무료인데다가 졸업 후 교사가 될 수 있는 사범학교에 진학하기로 했어요. 그런데 어느 날 친구들과 이야기를 하다가 일반학교 학생들이 사범학교 학생들보다 과학과 외국어를 훨씬 더 많이 배운다는 것을 알게 되었어요. 나는 친구들에게 과학책을 빌려 밤늦게까지 물리학과 화학을 공부했어요. 이때 스스로 공부하는 습관을 키우게 되었고, 내가 물리학에 가장 흥미를 가지고 있다는 것을 깨닫게 되었어요.

당시 물리학자들은 원자에 대해 아주 흥미로운 발견을 하고 있었어요. 그중에서도 방사성 원소를 발견한 것으로 널리 알려진 마리 퀴리를 존경했어요.

장애물을 넘어
계속 전진
:

난 1930년 고등학교를 가장 우수한 성적으로 졸업했고, 난징에 있는 국립중앙대학에 합격했어요. 물리학을 전공하고 싶었지만, 사범학교를 졸업했기 때문에 수학과 과학을 제대로 이해하지 못할까봐 두려웠어요. 그래서 교육학을 전공으로 택하려 했지요. 하지만 이 사실을 알게 된 아버지가 수학, 물리, 화학 책을 주면서 시간은 충분하니까 도전해보라고 격려해주셨어요. 이번에도 난 잠을 아껴 가며 열심히 공부해 결국 전공을 물리학으로 바꾸었어요. 만일 아버지의 조언이 없었다면, 세계적인 물리학자가 되지 못했을 거예요.

대학을 졸업한 뒤, 1년 동안은 상하이의 국립과학대학에서 X선 결정학을 연구하며 지냈어요. 이때 만난 물리학자들 중에는 미시건 주립 대학에서 박사학위를 받고 온 여성도 있었어요. 그분은 내게 여성도 얼마든지 유학을 가 공부할 수 있다는 것을 보여주었을 뿐만 아니라, 내게 공부를 더 하라고 권유했어요. 다행히 사업에서 크게 성공한 삼촌이 유학비를 지원해주기로 했기 때문에, 나는 스물네 살에 부푼 꿈을 안고 미국 유학길에 올랐어요.

처음엔 미시건 대학에서 공부하고 싶었지만, 곧 생각을 바꾸었어요. 미시건 대학에선 여학생이 학생회관을 사용하는 것을 금지하고 있었거든요. 남학생의 안내를 받는 경우에만 여학생도 학생회관을 이용할 수 있었지요. 그 외에도 남녀차별이 매우 심해 불편한 점이 많았어요. 결국 내가 택한 학교는 실력 있는 교수들이 많기로 유명한 UC 버클리(캘리포니아 대학 버클리)였어요. 당시 UC 버클리의 핵물리학 과정은 세계 최고 수준이었어요. 우수한 물리학자들과 많은 인재들이 이곳으로 모여들었어요.

1937년 일본이 중국을 침략하면서 전쟁이 시작되었어요. 그해 12월에 일본은 난징대학살을 일으켜, 수많은 사람들을 죽였지요. 난 중국에 있는 가족들이 걱정되었지만, 1945년 핵폭탄을 맞은 일본이 항복할 때까지 어떤 소식도 듣지 못했어요. 고향의 가족들이 생각날 때마다 평소 아버지가 자주 해주시던 말을 떠올리며 힘을 냈어요.

"장애물은 무시해라. 고개를 숙이고 계속 앞으로 나아가라."

난 아버지의 말대로 불안과 걱정 같은 장애물을 떨치고, 내가 할 과학 연구만을 생각하며 앞으로 계속 나아갔어요. 박사학위를 받기 위해 내가 연구한 주제는 '핵분열에서 제논(크세논)의 역할'이었어요. 이 논문은 나중에 미국이 원자폭탄을 개발할 때 아주 중요한 몫을 담당했어요. 핵분열이 연쇄적으로 일어나다가 몇 시간 후면 저절로 반응이 사라지는 문제를 해결했기 때문이에요.

제2차 세계대전이 일어나면서, 내게 새로운 기회가 찾아왔어요. 여러 대학에서 전쟁 때문에 자리를 비운 교수들을 대신할 물리학자를 구하고 있었어요. 여성들에게도 기회가 생겼고, 1943년 서른한 살에 프린스턴 대학의 첫 여성 강사가 되었어요. 하지만 여전히나 자신의 연구는 시작하지 못해 불만이었지요. 그런데 어느 날 컬럼비아 대학에서 전쟁과 관련된 연구에 지원해보라는 연락이 왔어요. 구체적으로 어떤 일을 해야 하는지 말해주지는 않았지요. 면접이 끝난 후 그들은 내게 물었어요.

"우리가 지금 무슨 일을 하는지 짐작 가세요?"

나는 그들 뒤에 있는 칠판에 가득한 공식을 보면서 웃었어요.

"핵폭탄을 만들고 계시는군요."

그날 이후 나도 그들이 하는 맨해튼 프로젝트에 참여했어요. 이 프로젝트는 비밀리에 핵폭탄을 만들어 제2차 세계대전을 끝내는 것이 목표였어요. 여성이고 중국계라는 이유로 나를 차별하던 미국 정부는 이 문제의 해결책을 알고 있는 내게 도움을 요청할 수밖에 없었어요.

노벨상 공동 수상 불발은
미스터리
:
1945년 미국은 원자폭탄 개발에 성공했고. 예측대로 전쟁은 새

1963년 컬럼비아 대학교 연구실에서 실험중인 우젠슝

로운 무기의 힘 덕분에 연합군의 승리로 끝났어요. 컬럼비아 대학은 이후에도 내가 학교에 계속 남아, 나만의 독자적인 연구를 할 수 있도록 해주었어요.

그즈음 난 베타 붕괴 현상에 흥미를 느끼고 있었어요. 이것은 원자의 핵에서 전자가 빠른 속도로 튀어나갈 때 일어나는 방사능 현상이에요. 페르미란 물리학자가 이 현상을 예측했지요. 난 나만의 실험 도구와 방법을 개발해 베타 붕괴를 실험으로 증명하는 데 성공했어요.

1956년 중국계 물리학자 두 명이 나를 찾아왔어요. 그들은 리정다오와 양전닝으로, 핵 안에 있는 입자들이 대칭을 이룬다는 '반전성 보존의 법칙'을 의심하고 있었어요. 핵 안에서 좌우 대칭성이 깨질 확률은 100만분의 1 정도예요. 하지만 이것을 증명하는 것이야 말로 도전해볼 만하다는 걸 직감했어요. 내 전문 분야인 베타 붕괴 현상을 이용하면 좋겠다는 생각이 들었어요. 내 예상은 적중했고, 실험 결과는 어떤 특정한 상황에서는 반전성이 보존되지 않음을 보여주었어요. 나, 리정다오, 양전닝 이렇게 세 사람은 새로운 법칙을 세우는 것이 아니라 법칙을 뒤엎음으로써 세상을 놀라게 했지요. 그런데 10개월 후엔 더 놀랄 만한 일이 벌어졌어요. 리정다오와 양전닝 두 사람만 이 일에 대한 공을 인정받아 노벨물리학상을 받게 된 거예요. 가설을 입증한 나를 빼고, 가설을 제안한 두 남성 과학자만 노벨상의 영광을 안았지요. 양전닝은 2007년도에 한 인터뷰에서 이렇게 말했어요.

"우젠슝이 왜 노벨상을 공동으로 수상하지 못했는지 여전히 미스터리입니다."

사실 과학에서 가설 제안은 아주 초기 단계의 일이고, 실험으로 입증되지 못하면 사이비과학으로 취급받기도 하는데 말이에요. 이 일로 크게 실망했지만, 아버지의 말처럼 주변의 평가 따위는 신경 쓰지 않고 내 할 일만 바라보며 앞으로 계속 나아갔어요.

이후 난 미국 물리학회를 이끄는 첫 여성 회장이 되었고, 미국 최고과학상인 국립 과학 메달을 받는 등 수많은 상을 받았어요. 그리고 은퇴할 때까지 학생들을 가르치면서 열정적인 실험을 이어가 새로운 원소를 찾아내는 작업을 계속했어요. 학생들 중에는 완벽함을 요구하는 내게 불만을 품는 경우도 있었어요. 그럴 때면 나는

"물리학에서도, 그리고 노력이 필요한 다른 분야들에서도 언제나 몰두해서 최선을 다해야 해. 일할 때만이 아니야. 그게 삶의 방식이 되어야 해."라고 강조했어요.

난 한때 미국의 적국이었던 중국 사람인데다가 여성이었기 때문에 공부할 때나 연구할 때 많은 어려움이 있었어요. 하지만 포기하지 않고 최선을 다했기 때문에 내 분야에서 최고의 전문가가 될 수 있었어요. 때로는 부당한 대우도 많이 받았지만 내가 해결할 수 있는 문제에 대해선 참지 않았어요. 누군가 나를 '위안' 교수라고 부르면, 즉시 '우' 교수로 불러달라고 했어요. '위안'은 남편의 성이거든요. 서양에선 결혼하면 남편의 성을 따른다지만, 난 아버지로부터 물려받은 내 성을 지키고 싶었어요. 그리고 같은 직급의 남성 교수보다 적은 월급을 받는 것에 대해서도 항의하여 바로잡았어요. 또 중국의 시민 탄압 같은 정치 문제에 대해서도 비판하기를 주저하지 않았지요. 늘 최선을 다하며 정당하지 못한 것을 바로잡으려 노력하는 삶, 그것이 내 인생이었어요.

4

Parisa Tabriz(1983~)

해커들을 연구하는 구글 보안 전문가
패리사 태브리즈의 편지

난 공주야.
다른 사람들을 이끌어 갈 것이고,
그들을 안전하게 보호할 거야.
— 패리사 태브리즈가 트위터에 올린 <스타워즈> 레아 공주의 대사

내가 처음 구글에서 일을 시작했을 때, 공식 직함은 '정보 보안 기술자'였어요. 난 이 명칭이 좀 지루하고 별로 인상 깊지 않다는 생각이 들었어요. 그래서 외부 사람들에게 건네주는 명함에 내 직책을 '보안 공주'로 바꾸었지요. 난 입에 착 달라붙는 이 이름이 재미있었고, 나름대로 의미있다고 생각했어요.

난 두 남동생과 어린 시절을 보냈고, 학교에서나 직장에서도 주로 남성 동료들과 일했어요. 그들과 늘 경쟁하며 지냈기 때문에 사람들이 생각하는 일반적인 '공주' 역할을 해본 적이 없어요. 동화 속의 공주는 보통 왕자의 도움을 필요로 하지만, 난 항상 남성들과 대등하려 했고, 그들의 도움을 바란 적이 없었거든요. 그런데 왜 굳이 '보안 공주'라는 이름을 스스로에게 붙였냐고요?

내가 그리는 공주의 이미지는 영화 〈스타워즈〉의 레아 공주와 흡사해요. 은하계를 독재자들로부터 구하기 위해 반란군의 지도자 역할을 멋지게 해내는 그녀야말로 내 우상이지요. 나도 레아 공주처럼 구글의 본부에서 크롬이라는 성을 굳건하게 지키고 싶거든요.

사실 가장 안전한 컴퓨터는 인터넷에 연결되지 않은 컴퓨터예요. 하지만 그런 컴퓨터는 아무짝에도 쓸모없어요. 결국 인터넷에 빠르고 안전하게 연결되면서도 프라이버시를 철저하게 지켜주는 기술을 구축해야 해요. 하지만 이것은 아주 까다로운 일이에요. 버 그나 악성코드 한두 개를 해결했다고 되는 문제가 아니에요. 전 세계적인 인터넷 시스템에 보안과 관련된 규칙과 이정표를 만들어야 해요. 이 일을 위해 난 구글 보안 책임자로서, HTTPS라는 체계를 만들어 보급하는 데 앞장서고 있어요.

내가 어떻게 컴퓨터 보안의 세계에 뛰어들었고, 앞으로 우리 삶에서 보안이 얼마나 중요한지에 대한 이야기를 지금부터 해볼까 해요.

컴퓨터로
창작하는 기쁨
:

나는 1983년 이란인 아버지와 폴란드계 미국인 어머니 사이에서 태어났어요. 아버지는 의사였고 어머니는 간호사였어요. 난 삼남매 중 장녀였고, 시카고 근처에서 자랐지요. 어린 시절 꿈은 인기 TV 프로그램에 나오는 여자 주인공처럼 되는 것이었어요. '젬'이라 불리는 이 아이는 아버지의 컴퓨터를 이용해 3D 홀로그램으로 만든 자신만의 아바타를 가지고 있었어요. 원래 젬은 부끄러움을 잘 타는 아이인데, 그녀의 아바타는 락밴드의 쾌활한 리드싱어였어요. 나도 젬처럼 멋진 락스타가 되고 싶었어요. 그것이 어려우면, 컴퓨터로 만든 젬 같은 아바타라도 있으면 좋겠다고 생각했지요.

부모님이 두 분 모두 컴퓨터를 다룰 줄 몰랐기 때문에 어린 시절 우리 집엔 PC가 없었어요. 나는 두 남동생과 경쟁하며 스포츠 경기를 하거나 비디오 게임하는 것을 좋아했어요. 내가 그 아이들을 힘으로 이길 수 없을 때엔 머리를 써서라도 반드시 이겼지요. 이런 자세는 나중에 구글에 입사해 대부분 남성인 동료들과 일하면서 최고책임자로 승진하는 데 많은 도움이 되었어요.

컴퓨터를 처음으로 접한 것은 대학교 1학년 때예요. 난 수학과 과학을 잘 했는데, 그림 그리는 것도 좋아했어요. 때문에 기계 구조를 다루는 공학과 디자인을 공부하기 위해 일리노이 주립대학으로 진학했어요. 컴퓨터를 공부하게 된 계기는 프로그램이나 보안과는 거리가 멀었어요. 처음엔 무료 온라인서비스를 이용해 나만의 웹사이트를 만들어보고 싶어 컴퓨터 앞에 앉았지요. 프로그램 짜는 법을 배우기보다는 컴퓨터로 창작하는 기쁨을 맛보고 싶은 마음이 컸어요. 사실 그전까지는 컴퓨터를 다루어본 적도 없었어요.

무료 홈페이지 제작 서비스 프로그램으로 만든 나만의 웹사이트는 아주 마음에 들었어요. 컴퓨터로 만든 첫 번째 창작품이었기에 더욱 애착이 갔지요. 그런데 생각지도 않은 문제와 부딪히게 되었어요. 내 홈페이지에 수시로 광고가 뜨는 거예요. 홈페이지를 만드는 데 사용했던 무료 프로그램 안에 광고를 띄우는 코드가 심어져 있었던 거지요. 내가 이용한 프로그램 제작자는 무료로 가입한 회원들의 웹사이트에 광고를 띄우며 돈을 벌었던 것 같아요.

나는 광고를 통해 좋지 않은 약품들이 거래된다는 사실을 알게 되었어요. 어떻게든 그 광고를 없애야겠다는 생각이 들어 컴퓨터를 본격적으로 공부하기 시작했지요. 다행히 일리노이 주립대의 컴퓨터 교육과정과 프로그램들은 미국 최고였어요. 난 이런 강점을 최대한 활용해 컴퓨터 공부에 매달렸고, 컴퓨터 보안 동아리에도 참여해 다양한 프로그램들을 다루어보았어요.

화이트 해커로
활약하는 보람
∶

어느 정도 컴퓨터에 익숙해지자 드디어 내 홈페이지에 뜨는 약품 광고를 없애기 위한 작업에 들어갔어요. 우선 홈페이지 제작용 온라인서비스 프로그램에 몰래 침입하는 단계부터 시작했어요. 바로 해킹이지요. 결국 난 프로그램에 몰래 들어가 광고를 없애고야 말았어요. 이때부터 다양한 프로그램을 내 마음대로 조종하는 재미에 푹 빠졌어요. 졸업 후 진로도 자연스럽게 컴퓨터 과학 쪽으로 정해졌어요. 컴퓨터 동아리 친구들은 보안 프로그램에 대해 잘 알지만, 실제로 해킹하는 법에 대해선 거의 몰랐어요. 난 친구들에게 인터넷을 이용해 다른 프로그램을 해킹하는 방법을 가르쳐주었지요. 프로그램에 침입해 새로운 명령을 입력해 브라우저를 속이면, 그 브라우저에 저장된 개인정보와 메시지들을 알아낼 수 있어요. 당시엔 어떤 대학에서도 보안기술에 대해 가르치지 않았기 때문에 우리는 학교에서 제공하는 우수한 컴퓨터와 프로그램을 가지고 서로 도우며 스스로 공부해야 했어요.

프로그램에 침입해 정보를 빼가거나 프로그램 자체를 망가뜨리는 사람들이 블랙 해커라면, 이들처럼 프로그램에 침입은 하지만 정반대의 일을 하는 사람을 화이트 해커라고 해요. 화이트 해커는 망가진 프로그램을 복구하고, 누가 어떤 정보를 빼가는지 알아내 그런 일이 더이상 벌어지지 않도록 보안을 강화해요.

나는 대학생일 때 이미 화이트 해커로 유명해졌고, 구글 보안팀으로부터 인턴으로 일하겠느냐는 제안을 받았어요. 그리고 2006년에 컴퓨터 보안 관련 석사학위를 받은 뒤, 이듬해부터 구글에 정보 보안 기술자로 정식 입사했어요. 곧 실력을 인정받아 구글 웹브라우저인 크롬의 보안 책임자로 승진했지요.

2016년에 멜웨어라는 악성 바이러스가 구글 이용자 핸드폰 130만 대를 감염시키는 사건이 일어났어요. 이 바이러스는 구글 이용자가 강제로 광고를 다운받아 수시로 클릭하도록 유도했어요. 그리고 광고를 클릭할 때마다 수수료를 챙겨 어마어마한 돈을 벌었어요. 내가 이끄는 보안팀은 온힘을 다해 이 사건을 해결했지요.

난 어렸을 때부터 남자형제들과 컸고, 대학에서도 항상 남자친구들과 컴퓨터 공부를 했기 때문에, 그들 사이에서 내가 여성이라는 사실을 특별히 의식하지 않았어요. 그런데 막상 회사에 들어오고 보니, 이야기가 달라졌어요. 구글은 남성 중심 기업이고 여성을 충분히 고용하지 않는다고 비판받고 있어요. 2017년엔 구글 엔지니어인 제임스 다모어가 사내 게시판에 "여성은 소프트웨어공학에 관심이 없다. 여성은 원래 그렇게 타고났기 때문에, 이 업계에서 푸

대학생 시절부터 화이트 해커로 유명했던 패리사 태브리즈는 구글 보안팀으로부터 입사 제안을 받았다.

대접을 받는 것이다. 그런데도 회사에선 사회적 편견 때문에 여성이 차별 받는다고 배려해주다 보니 남성들이 오히려 역차별당하고 있다.'는 취지의 글을 올렸어요. 이 글대로라면 여성은 원래 무능하게 태어나서 소프트웨어 업계에서 성공하지 못한다는 거예요. 구글은 이런 다모어의 글이 '회사의 가치에 어긋난다.'는 이유로 그를 해고했어요.

난 보안 공주라는 명칭으로 내가 여성임을 드러내면서도 당당히 성공하는 모습을 다모어 같은 사람에게 보여주고 싶어요. 현재는 크롬 브라우저가 완벽하게 유지되도록 관리하는 데 최선을 다하고 있어요. 우리 팀의 직원 30명은 매일매일 크롬을 운용하는 프로그램의 수많은 코드를 뒤지며 에러를 찾아내고 있지요. 그리고

· 1부. 변화를 두려워하지 않는 용기를 가지다 ·

크롬 이용자들이 방문하는 사이트의 버그도 찾아내고 있어요. 한마디로 말하자면 내 임무는 사람들이 웹페이지를 검색할 때 가장 안전하고 유용한 도구로 크롬을 사용할 수 있도록 책임을 지는 거예요.

최근 내가 걱정하는 것은 개인이 아니라 정부나 회사 같은 거대한 기관이 개인정보를 침해하는 사이버 범죄를 저지른다는 사실이에요. 예를 들어 일부 국가의 정부에선 민간인의 비밀번호를 알아내 이메일을 감시해요. 최근 이란 정부가 이메일을 가로채 열어보려는 것을 감지하기도 했어요.

해커들을 연구하는
보안 전문가의 세계
:

자금 지원을 든든히 받는 조직이나 정부가 인터넷 보안을 어지럽히는 것은 정말 공포스러운 일이에요. 그래서 개인의 인권과 사생활, 그리고 재산을 지켜주기 위해 이런 해커들이 비밀정보를 빼가지 못하도록 코드를 암호화하는 데 온힘을 다하고 있어요. 그리고 여기서 더 나아가 웹사이트가 암호화되어 안전하다는 것을 보증하는 https의 기준을 만들기도 했어요. 그 결과 웹사이트가 보안이 잘 되어 안전한지는 그 주소를 보면 알 수 있게 되었어요. 첫머리가 https로 시작하는 주소는 안전한데, 이때 's'는 '안전(secure)'이란 단어의 머릿글자예요.

만일 웹사이트 주소가 https가 아닌 http로 시작한다면, 그 사이트는 보안에 약하다고 봐야 해요. 이런 사이트에 접속하거나 로그인하는 순간 자신의 소중한 개인정보가 빠져나갈 수도 있지요. 더욱 무서운 것은 이런 사이트가 옮기는 바이러스에 내 컴퓨터가 감염되는 거예요. 바이러스에 감염된 컴퓨터는 마치 좀비 같아요. 내 명령은 듣지 않고 정체를 알 수 없는 해커의 명령대로만 움직이니까요. 해커에게 돈을 지불하지 않으면, 그동안 내가 작업하고 저장해놓은 문서를 열어볼 수 없게 되고, 내 컴퓨터의 서버도 해커가 마음대로 점령해 사용하기도 해요. 예를 들어 내 서버를 암호화폐 채굴에 이용한 뒤 강탈해 가기도 하지요.

난 구글 전체 엔지니어들을 대상으로 인터넷 보안에 대한 교육도 하고 있어요. 해킹을 설명할 때에는 컴퓨터가 아니라 자판기를 예로 들어요. 자판기를 어떻게 해킹할 거냐고 물으면 여러 가지 대답을 내놓지만 사실 정답은 없어요. 어떤 사람들은 자신이 좋아하는 간식만 훔쳐내는 법을 생각해낼 것이고, 또 어떤 사람들은 자판기 안의 물건 전체를 훔치는 방법을 알아낼 거예요. 아니면 자판기에 어떤 다른 기능을 추가해 원하는 것을 얻어가는 사람도 있을 거고요. 나 같은 경우엔 값싼 외국 동전을 집어넣어 자판기를 속일 것 같아요. 이처럼 해킹은 어디서든 일어나고 아주 단순한 경우부터 복잡한 경우에 이르기까지 다양하게 벌어져요. 보통 해커는 천재나 괴짜일 거라고 생각하지만, 사실 누구나 해커가 될 수 있어요. 따라서 보안 전문가는 해커들의 심리뿐만 아니라, 여러 가지 기술에 대해서도 잘 알고 있어야 해요.

난 남성 직원들이 넘치는 실리콘 밸리에서 좀더 많은 여성들이 일할 수 있도록 돕는 일도 하고 있어요. 여학생들이 컴퓨터 분야로 더 많이 들어오도록 해마다 라스베이거스에서 열리는 해킹 교육 행사에 멘토로 참여하고 있지요. 혹시 나를 롤모델로 삼는 소녀들이 있다면, 기술 분야에서 일하는 것이 얼마나 멋진지를 알려주고 싶어요. 그들은 텔레비전의 영향을 많이 받는다는 것을 알기 때문에 엔터테인먼트 작가들이 과학 기술 분야의 여성 이야기를 재미있게 다룰 수 있도록 많은 정보도 주고 있어요. 많은 여자아이들이 해커를 말썽꾸러기나 범죄자로만 보지 말고, 화이트 해커의 세계로 진출해 좀더 안전한 온라인 세상을 만들어갔으면 좋겠어요.

5

Mae Jemison(1956~)

최초의 흑인 여성 우주비행사
메이 제머슨의 편지

우리에게 가장 큰 도전은
자기 자신을 알고 스스로의
강점과 약점을 이해하는 것이다.
— 메이 제머슨

난 유치원 때 처음으로 과학자가 되고 싶다고 생각했어요. 그런데 한편으론 댄서, 건축가, 패션 디자이너도 되고 싶었지요. 정말하고 싶은 게 많았어요. 그래서 도예, 패션 디자인, 춤을 배우며 빅뱅이론과 미적분학에도 열렬한 관심을 보였지요. 물론 우주비행사란 꿈도 키웠어요.

요즘은 과학과 예술이 분열된 시대예요. 과학은 논리가, 예술은 독창성이 중요하다고 대부분 생각해요. 하지만 우리가 창의적인 동시에 논리적인 사람이 되려면, 과학과 예술 두 분야를 통합시킬 수 있어야 해요. 나의 가장 큰 꿈은 이 두 분야를 통합시켜 인간의 창의성과 도전정신을 잘 실현시키며 사는 거예요.

대학을 졸업하고 직업을 가지게 되었을 때 난 댄서가 될까 의사가 될까 고민을 많이 했어요. 이때 어머니가 아주 적절한 조언을 해주셨지요.

"의사가 되어도 항상 춤을 출 수 있지만, 댄서가 되면 의사로서 연구나 진료를 할 수는 없단다."

어머니의 말에 따라 난 코넬 대학에서 의학박사 학위를 받고, 평화봉사단에 들어가 아프리카에서 2년 동안 의료 봉사활동을 했어요. 그리고 미국으로 돌아와서 우주비행사에 지원했지요. 그 사이

사이에 뮤지컬 제작에도 도전했고, 집에 댄스 스튜디오를 세워 늘 춤 연습을 했어요.

댄서가 되는 것이 우주비행사로 일하는 데 어떤 도움을 주었느냐는 질문을 가끔 받아요. 댄서가 되려면 강도 높은 훈련을 해야 해요. 춤의 복잡한 구조와 시나리오도 외워야 하고, 함께 춤추는 사람들에게 끊임없이 주의를 기울여야 하지요. 그런데 이 모든 능력은 우주비행에도 필요한 것들이에요. 어떤 분야에서든 최고가 되어 창의성을 꽃피우려면, 이런 통합된 능력이 필요하거든요.

그동안 내 인생은 모험으로 가득했어요. 그중엔 감당하기 어려운 일도 있었지만, 그것을 이겨내는 과정을 통해 세상과 나 자신을 더욱 잘 알게 되었어요. 사실 우주비행 같은 커다란 임무보다 더 큰 도전은 나 스스로를 알아가는 일이에요.

어려서 내가 과학자가 되고 싶다고 말했을 때, 선생님은 간호사가 되는 게 어떠냐고 하셨어요. 내가 백인이고, 남자아이였다면 훌륭한 꿈이라고 격려해주었을 테지만, 오히려 말리셨지요. 흑인에다가 여성인 내가 과학자가 되는 것은 어려운 일이라고 생각하셨던 거예요. 당시 미국은 흑인과 백인의 평등을 보장하는 민권법이 아직 정해지지 않을 때여서, 대부분 어른들은 흑인 여자아이는 과학자가 될 수 없을 거라고 생각했어요. 공부를 열심히 하면, 교사나 간호사는 될 수 있다고 생각했지요. 하지만 난 포기하지 않고, 나 자신의 강점을 찾아 하나씩 도전했고, 결국 과학 실험 임무을 띠고 우주비행에 나서는 꿈을 이룰 수 있었어요. 다른 사람의 상상력 속에 나 자신을 가두지 않고 나만의 꿈을 이루었지요. 그 비결이 무엇이었는지 들려줄게요.

소중한 것을 지키기 위해
두려워하지 않는 용기
：

나는 1956년 미국 앨라배마 주 디케이터에서 삼남매중 막내로 태어났어요. 아버지는 지붕을 전문으로 다루는 목수였고, 어머니는 초등학교 교사였어요. 부모님은 자녀 교육에 아주 관심이 많으셨어요. 내가 세 살 때 좀더 나은 교육 환경을 찾아 시카고로 이사했고, 나는 이곳에서 쭉 자랐어요.

우리 가족은 저녁이면, 식탁에 둘러앉아 많은 이야기를 나누었어요. 특히 시민 인권 운동이 늘 화제였지요. 미국 시민이라면 흑인이든 백인이든 평등하게 권리를 보장 받아야 한다는 이 운동이 활발해지자 내가 사는 시카고에 폭동이 일어나지 않도록 군대가 파견되기도 했어요. 무장한 군인들이 행진하는 것을 보니 두려움이 느껴졌어요. 난 두려움에 떠는 자신의 약한 모습이 싫었어요. 그래서 앞으로 다시는 그런 두려움에 휘둘리지 않겠다고 결심했어요. 스스로에게 이렇게 속삭이며 두려움을 몰아냈지요. "나도 저 군인들과 똑같은 미국의 구성원이야."

세상엔 두려움에 굴하지 말고 지켜야 할 소중한 것이 있다는 것도 그때 느꼈어요. 두려움을 이기고 싸운 결과, 1964년 민권법이

제정되어 흑인도 백인과 동등한 권리를 누리게 되었어요. 나는 과학자가 되겠다는 꿈도 그렇게 지켜가기로 했어요. 흑인이니까, 여자니까, 할 수 없을 것이라는 불안과 두려움을 떨쳐버리고, 용기있게 나아가기로 했지요.

의학을 공부하면서도
놓지 않은 꿈, 우주비행사
:

학창시절 나는 어떤 일에나 아주 적극적이고 활동적인 아이였어요. 특히 무용과 학생회 활동을 좋아했고, 외국어를 배우는 것도 좋아했어요. 러시아어, 일본어, 스와힐리어를 할 줄 알았지요. 학교 도서관에서도 많은 시간을 보냈어요. 주로 과학, 특히 천문학과 관련된 책들을 많이 읽었어요. 어릴 때부터 난 우주여행에 관심이 많았고, 고등학교에 다닐 때는 잠시 공학 기술자가 되고 싶다는 생각도 했어요.

열여섯 살에 스탠포드 대학에 입학해 두 가지 전공을 택했어요. 첫째는 화공학, 특히 생화학에 관심이 많았지요. 생화학은 주로 의학과 관련있는 학문으로, 질병 치료를 돕는 물질에 대해 연구해요. 둘째는 아프리카 흑인들의 역사예요. 난 흑인으로서 내 정체성에도 관심이 많았기 때문에 흑인 학생회 회장을 맡기도 했어요.

대학 졸업 후 의사가 되기로 마음먹고, 코넬 대학 의대로 진학했어요. 원래 나는 환자를 치료하기보다는 질병을 연구하는 의사가

되고 싶었어요. 하지만 여러 나
라를 돌아다니며 봉사하는 동안
가난한 환자들을 도와야겠다는
생각을 하게 되었지요. 그래서
1981년에 의사가 되자, 평화봉
사단에 지원했어요. 2년 6개월
정도 서아프리카 지역의 시에라
리온과 라이베리아에서 평화봉
사단 의료 담당관으로 있으면서
사람들을 치료하고 가르치는 일
을 했지요.

1992년 케네디 우주 센터에서 근무중인 메이 제
머슨

　　1985년 미국으로 돌아왔을 때
우연히 NASA에서 우주비행사를 모집한다는 것을 알게 되었어요.
순간 어린 시절 우주비행사가 되고 싶어했던 일이 떠올랐고, 당장
지원해야겠다는 생각이 들었어요. 지원 자격은 대학에서 과학, 수
학, 공학을 전공한 사람 중 자신만의 분야에서 경력을 쌓아 리더가
될 자질을 갖춘 사람이어야 했어요. 나는 마지막 후보 15명 중 한
명으로 선발되었고, 본격적으로 우주 비행 훈련을 받았어요.

　　훈련 중 가장 힘들었던 것은 무중력 상태에 적응하는 거예요. 우
리가 우주공간으로 튀어나가지 않고 지구 위에서 살아갈 수 있는
건 지구의 중력 때문이지요. 중력은 지구 위의 모든 것을 중심을 향
해 끌어당기고 있어요. 하지만 우주공간으로 나가면 이런 힘이 사

라지기 때문에 미리 무중력에 적응해두어야 해요.

나를 포함한 15명 후보생들은 일부러 중력을 없앤 비행기에 타서 둥둥 떠다니며 훈련을 받았어요. 이 훈련을 받으면 모두 멀미를 심하게 했지요. 그래서 우리는 중력을 없앤 훈련용 비행기를 '멀미혜성'이라 불렀어요.

우주비행선이 지구로 돌아올 때엔 예상치 못한 장소에 추락할 수도 있어요. 특히 밀림이나 사막에 떨어질 수도 있기 때문에 거친 야생에서 생활하는 훈련을 했어요. 대부분 바다로 내려오기 때문에 거센 파도가 치는 곳에서 살아남는 훈련도 했지요.

1992년 9월 12일, 난 드디어 정식 우주비행사가 되어 엔데버호를 타고 우주공간으로 날아갔어요. 흑인 여성으로선 최초의 우주비행사가 된 거예요. 내가 어렸을 때만 해도 미국엔 여성 우주비행사가 없었어요. 그래서 TV에서 우주선을 발사했다는 뉴스가 나올 때면, "왜 우주비행사는 전부 남자야?"라며 화를 내곤 했지요. 외계인이 우주비행사들을 보고 지구에는 남성들만 사는 줄 알 거라고 농담한 적도 있어요.

1983년 샐리 라이드가 미국 최초의 여성 우주비행사가 되었어요. 두 달 뒤 다른 우주비행선을 탄 귀온 블루포드는 최초의 흑인 우주비행사였어요. 미국 역사에서 1983년은 여성과 흑인에게 최초로 우주비행의 문이 열린 뜻깊은 해였어요. 하지만 이때의 여성은 어디까지나 백인 여성을 의미했지요.

좁은 상상력 안에
자신을 가두지 말자
:

난 흑인으로서 많은 차별을 받으며 자랐기 때문에, 어딜 가나 백인에게 뒤지지 않으려고 노력했어요. 그런데 나중에 그런 인종 차별보다 무서운 게 성 차별이란 것을 깨달았어요. 어린 시절 내가 과학자가 되고 싶다고 했을 때, 선생님들은 과학 분야로 진출하기 어려울 거라고 했어요. 흑인은 백인이 독차지하고 있는 과학자의 세계로 들어가기 힘들다고 생각한 면도 있었겠지만, 여성이라면 남을 돌보는 일을 해야 한다고 생각하셨던 거지요.

어쨌든 백인 남성의 뒤를 이어 백인 여성과 흑인 남성이 나란히 우주비행사가 되고서 10년 가까이 흐른 뒤에야 난 최초의 흑인 여성 우주비행사가 되었어요. 우주에 나가면 고요하고 어두운 공간에서 외로울 거라고 걱정했지만, 전혀 그렇지 않았어요. 일단 할 일이 많아 외로움을 느낄 틈이 없었지요. 나는 주로 과학 실험을 했어요. 중력이 없는 공간에서 떠다니는 사람들이 멀미를 하지 않도록 막는 방법을 연구했고, 올챙이가 잘 자라는지도 관찰했어요. 올챙이는 우주공간에서도 잘 자랐고, 지구로 돌아온 뒤엔 의젓한 개구리가 되었어요.

NASA에서 6년 동안 일한 후, 나는 다른 일을 해보기로 했어요. 그동안 자신이 공부하고 경험한 것을 학생들에게 가르치면서, 〈스타트렉〉 미니 시리즈에 배우로도 출연했어요. 어린 시절 내가 가

상상력의 경계를 무한히 넓힌 우주비행사 메이 제머슨

장 좋아했던 프로그램의 배우가 된다는 것은 우주비행선에 올라타는 것만큼이나 설레는 일이었어요. 유능한 여성들과 다양한 인종이 출연하는 〈스타트렉〉에서 뛰어난 통신 장교이자 흑인 여성이었던 우후라는 내 우상이었지요. 그녀는 내가 우주비행사가 되고 싶다는 꿈을 꾸게 만든 롤모델이기도 했어요.

지금 내가 가장 관심을 기울이는 분야는 인류를 100년 안에 다른 태양계로 이주시키기 위한 연구예요. 현재의 과학 기술로는 터무니없이 어려워 보이지만, 불가능한 일은 아니라고 봐요. 인공지능의 발달이 예측하기 어려울 정도로 빠른 변화를 불러일으키고 있기 때문이에요.

그리고 나의 가장 큰 소망은 우리가 새롭게 이루어 갈 사회에선 피부색 때문에, 혹은 여성이거나 남성이라는 이유로 차별받지 않는 거예요. 지금까지 내가 걸어온 걸음걸음은 바로 그런 새로운 사회로 가기 위한 길을 향한 것이었어요.

그동안 내가 많은 어려운 일을 해낼 때 항상 명심했던 말은 "다른 사람의 좁은 상상력 안에 자신을 가두지 말라."였어요. 살아가면서 다른 사람들의 지혜로운 조언에 귀를 기울일 필요는 있어요. 하지만 항상 나 자신을 기준으로 세상을 다시 평가할 줄도 알아야 해요. 난 어린 시절 간호사나 교사가 되라는 주위 사람들의 조언을 귀담아 듣기는 했지만, 그런 꿈을 강요하는 세상을 다시 평가하는 것도 잊지 않았어요. 세상 사람들이 가장 좋다고 하는 것과 나 자신에게 가장 좋은 것은 다를 수 있어요. 여러분이 자신만의 꿈을 향해 도전하는 중이라면 이 말을 꼭 기억하길 바라요.

다른 사람의 좁은 상상력 안에 자신을 가두지 않다

소피 제르맹   엘리자베스 블랙웰   발자 그레이스 호퍼   마리 타프   템플 그랜딘

6

Sophie Germain(1776~1831)

파리 아카데미 대상을 받은
첫 여성 수학자
소피 제르맹의 편지

여성은 단지 여성이기 때문에, 또 관습과 편견 때문에
남성보다 무한히 많은 장애물과 맞닥뜨리게 된다.
그런데 이것들을 극복한 제르맹은 정말 고귀한 용기,
특별한 재능, 뛰어난 천재성을 지닌 사람이다.
— 카를 프리드리히 가우스(수학자)

1800년대 초반 내 조국 프랑스군이 독일의 브라운슈바이크를 점령했다는 소식이 들려왔어요. 난 가슴이 철렁했어요. 그 지역엔 소중한 펜팔 친구가 살고 있었거든요. 나보다 한 살 어린 이 친구는 당시 유럽 최고의 수학자로 불리던 카를 프리드리히 가우스였어요. 1804년부터 그와 난 수학 문제에 대해 토론하는 편지를 주고받았어요. 주로 내가 어떤 증명을 보여주며 질문을 던지면, 가우스가 자신의 의견을 보내주었지요.

　처음 편지를 보낸 사람은 나였어요. 프랑스에선 여성을 받아주는 대학이 없었기 때문에, 혼자 수학을 공부해 독자적인 이론을 만들어가던 중이었어요. 내가 연구한 것에 대해 평가를 해주거나 궁금한 것에 대해 토론할 사람이 없어 늘 답답했지요. 그래서 당대 최고의 수학자인 가우스에게 편지를 보내 이런저런 질문을 던졌어요. 가우스도 내 수학 실력을 인정했기 때문에 정성 어린 답장을 보내왔고, 덕분에 우리의 교류는 몇 년째 이어졌어요.

　그런데 내겐 중요한 비밀이 하나 있었어요. 가우스에게 내가 여성이란 사실을 밝히지 않았다는 점이에요. 당시 남성들은 여성의 지적인 능력은 어린아이 수준이라고 생각했어요. 게다가 여성들은 학교 교육을 전혀 받지 않았기 때문에 대부분 지식도 턱없이 부족

할 수밖에 없었어요. 난 가우스 같은 최고 수학자가 여성과 수학 문제를 토론하고 싶어할 리 없다고 생각했어요. 그래서 전부터 수학 토론을 할 때 종종 사용하던 르블랑이란 남자 이름으로 편지를 보냈어요.

난 브라운슈바이크를 점령한 독일군이 가우스를 해칠까봐 불안했어. 그래서 발이 넓은 아버지의 힘을 빌어 브라운슈바이크에 파견된 독일군 장군이 가우스를 안전하게 보살피도록 했지요. 독일군 장군은 가우스를 찾아갔고, 이 과정에서 르블랑이란 편지 친구가 사실은 나, 소피 제르맹이란 사실이 탄로나고 말았어요.

그는 곧 내게 편지를 보내 학교 교육을 받지 않았는데도 수학의 높은 경지에 이른 소피 제르맹이 르블랑이라는 사실에 놀라워했어요. 그리고 내 용기, 재능, 천재성을 칭찬했어요. 가우스처럼 뛰어난 수학자에게 인정받고 나니, 그동안 여성이라는 이유로 프랑스 수학자들에게 무시당하던 설움이 눈 녹듯 사라졌지요. 그래서 난 더욱 용기를 내서 남성 수학자들이 풀지 못한 문제에 도전하기 시작했어요.

책에 파묻혀 지내던
어린 시절
:
난 1776년 프랑스 파리에서 태어났어요. 십대로 접어들 무렵 프랑스에는 혁명의 소용돌이가 일어나기 시작했어요. 1789년, 국왕의 군대가 몰려온다는 소식을 들은 시민군은 무기 저장고인 바스티유 감옥을 함락했고, 거리에선 총소리가 끊이질 않았어요. 아버지는 부유한 상인이었고, 혁명을 주도한 부르주아 계층을 대표하는 인물이었어요. 집으로 찾아오는 수많은 사람들 사이에서 식구들은 조심하며 지냈지요. 혁명기간 동안 아이들은 절대 집밖으로 나가선 안 된다는 말을 들었어요. 언니와 동생은 창밖을 바라보면서 혁명이 끝나기만을 기다렸지요. 하지만 난 심심할 틈이 없었어요. 집안에서 함께 놀아줄 좋은 친구를 찾아냈기 때문이에요. 그 친구는 바로 책이었어요.

아버지의 서재에서 책을 읽다 보면, 밥 먹는 것도 잊어버릴 정도였어요. 얼마나 재미있던지 해가 지는 것도 느끼지 못했어요. 그렇게 책에 푹 빠져 지내던 어느 날 충격적인 이야기를 읽게 되었어요. 고대 로마 시대 시라쿠사에 살았던 아르키메데스란 수학자가 어떻게 죽었는지를 알게 된 거예요.

시라쿠사를 점령한 로마의 장군은 수학자인 아르키메데스부터 잡아들이라는 명령을 내렸어요. 아르키메데스는 로마군에게 정말 위험한 존재였거든요. 그는 수학 계산뿐만 아니라 무기를 만드는 데도 뛰어났어요. 여러 개의 오목거울로 햇빛을 모아 로마군의 배를 불태웠고, 성능이 뛰어난 투석기와 연달아 발사되는 화살을 만들어 로마군에게 겁을 주었어요. 로마군은 아르키메데스란 이름만 들어도 치가 떨렸어요. 하지만 로마의 장군도 그의 뛰어난 수학 실력만큼은 인정했기에 죽이지 말고, 잘 데려오라고 했지요.

로마군이 찾아갔을 때 아르키메데스는 마침 바닷가 모래밭에서 수학 문제를 풀던 중이었어요. 그는 자신을 따라나서라는 로마군의 명령에 콧방귀를 끼었어요.

"자네, 지금 도형을 밟았네. 좀 비키게. 중요한 기하학 문제를 푸는 중이니까."

순간 로마군은 명령을 무시하는 아르키메데스의 오만한 태도에 머리끝까지 화가 났어요. 이 노인을 데려가지 못하고 벌을 받느니, 차라리 죽여서라도 데려가야겠다는 생각이 들었지요. 결국 아르키메데스는 그 자리에서 로마군의 창에 찔려죽고 말았어요.

이 이야기를 읽은 나는 궁금해졌어요. 도대체 수학이 얼마나 재미있길래 아르키메데스는 목숨을 잃는 것도 두려워하지 않았을까? 그래서 수학책을 읽기 시작했고, 어느새 꼬마 아르키메데스라 할 정도로 수학 공부의 재미에 빠져들었어요.

뉴턴이 쓴 책을 읽으며 스스로 미적분학을 깨우쳤고, 독학으로 라틴어를 공부해 고대 수학자들이 쓴 책까지 모조리 읽었어요. 혼자 하는 공부가 깊어지면서 관심 분야는 수학을 넘어 철학이나 심리학으로 넓어졌지요. 이런 내 모습을 누구보다 걱정스럽게 지켜보는 사람이 있었어요. 바로 우리 부모님이지요.

내가 살았던 18세기 후반 프랑스에서 집안일이나 사교 모임에 신경쓰지 않고 공부만 하는 여자는 환영받지 못했어요. 만일 집안에 여유가 있고 시간이 남아돌아 공부를 할 수 있는 여자라면, 시를 짓거나 악기를 연주하고 춤추는 법을 배워야 했어요. 수학처럼

· 2부. 다른 사람의 좁은 상상력 안에 자신을 가두지 않다 ·

골치 아픈 것을 공부하면 정신이 이상해지고, 건강을 해친다고 생각했지요. 남자아이들이 수학이나 철학을 파고들면 똑똑해서 그런 것이고, 여자아이들이 그러면 뭔가 문제가 있어서 그러는 거였어요.

파리에 혁명이 일어나 평등과 자유를 외치며 왕을 처형하고 정부를 새로 세웠지만, 어떤 정부도 소녀들이 학교에 다닐 수 있게 해주지는 않았어요. 여성이 시민으로서 투표할 권리도 주지 않았지요. 사회는 여전히 여성에게 냉담했고, 조금이라도 지식을 드러내는 여성은 조롱거리가 됐어요. 그런데 나는 그런 조롱을 받기에 딱 좋은 쪽으로 성장하고 있었어요.

내 머릿속엔 하루 종일 수학 생각밖에 없었어요. 수학의 재미를 알게 되면서 온 세상이 수학으로 이루어진 듯한 기분이 들었어요. 책상은 사각형, 접시는 원형, 냅킨은 삼각형으로 보였어요. 일년은 365일이고, 음악은 12음계로 이루어졌다는 사실만 머리에서 맴돌았지요. 내가 살고 있는 집도, 여행갈 때 타는 배도, 강을 건널 때 이용하는 다리도 모두 수학 계산을 밑바탕으로 세운 것이라고 생각하면, 괜히 마음이 뿌듯해졌어요.

난 모두가 잠들었을 때에도 침대에서 살짝 빠져나와 수학 공부를 했어요. 밤새도록 책을 보고 문제를 풀며 수학에 점점 더 빠져들었지요. 부모님은 딸이 너무 똑똑한 나머지 비웃음거리가 되고 결혼도 하지 못할까봐 크게 걱정하셨어요. 결국 내 방에서 램프도, 두꺼운 옷도 모두 치워버리고, 난방도 해주지 않았어요. 밤이 되면 추운 나머지 침대에 들어가 꼼짝하지 않고 잠들 거라고 생각했기 때문이에요.

그러데 어느 날 아침이었어요. 늦잠을 자는 나를 깨우러 온 부모님은 깜짝 놀라고 말았어요. 병에 담긴 잉크가 꽁꽁 얼어붙을 정도로 추운 방 안에서 담요를 두른 채 책상 위에 엎드려 자는 나를 발견했기 때문이에요. 나는 램프 대신 양초를 켜고, 밤새 수학 문제를 풀다 새벽녘에야 잠들었지요.

부모님은 할 수 없이 내가 공부하는 것을 내버려두기로 했어요. 어차피 막을 수 없다고 생각했기 때문이에요. 또, 여성을 받아주는 학교는 어디에도 없으니까, 어느 정도 혼자 공부하다가 포기할 거라고 생각하신 거지요.

수학 천재
르블랑의 정체
:

열아홉 살이 되던 1794년 귀를 번쩍 뜨이게 하는 소식이 들려왔어요. 과학기술 분야 최고의 인재를 양성하기 위한 대학이 설립된다고 했어요. 바로 에콜 폴리테크니크예요. 이 학교는 뛰어난 학자들을 교수로 초빙할 예정이었어요. 그중에는 천문학자이자 수학자로 유명한 라그랑주 선생님도 있었어요.

하지만 내겐 그림의 떡이었어요. 이 학교도 당시 프랑스의 다른 교육기관들처럼 남학생만 입학할 수 있었기 때문이에요. 난 실력

조제프 라그랑주 | 카를 프리드리히 가우스

도 있고, 집안도 부유해 학비를 걱정할 필요도 없었는데, 오로지 여자라는 이유만으로 에콜 폴리테크니크의 문턱도 넘을 수 없었어요. 그 학교에 들어가 당대의 내로라하는 학자들의 강의를 들으며 그들과 교류하고 싶은 마음이 간절했는데 말이에요.

난 궁리 끝에 다른 방법을 찾았어요. 그곳에 다니는 학생에게 강의노트를 빌려서라도 공부하기로 했지요. 그리고 공부를 하다가 의문이 생기면 교수들 중 가장 평판이 좋고, 실력도 뛰어난 라그랑주 선생님에게 편지를 보내 질문을 해야겠다고 생각했어요. 물론 에콜 폴리테크니크의 학생인 척하며, 르블랑이란 가명을 썼어요. 르블랑은 이 학교를 다니다 그만둔 남학생의 이름이었어요.

어느새 라그랑주 교수와 르블랑은 편지로 어려운 수학 문제를 토론하는 사이가 되었어요. 르블랑의 뛰어난 수학 실력에 감탄한 라그랑주 교수는 그를 직접 만나봐야겠다는 생각에 집으로 찾아왔어요. 물론 르블랑 선생님을 맞이한 사람은 바로 나, 소피 제르맹이었어요.

라그랑주 선생님은 르블랑의 정체가 젊은 아가씨라는 사실에 충격을 받았지만, 수학에 대한 내 열정과 지식을 높이 평가해주셨어요. 내가 계속 수학을 공부할 수 있도록 도와주겠다고도 하셨지요.

라그랑주 선생님의 소개로 많은 책과 논문을 읽으며 수학을 더 깊이 공부할 수 있었어요. 어느 날 유럽 최고의 수학자라 불리는 가우스의 『정수론 연구』를 읽게 되었어요. 이해가 가지 않는 부분이 생겼고, 이번에도 르블랑이란 이름으로 편지를 보냈지요. 소피 제르맹이란 본명을 밝히면, 여자가 보낸 편지라는 이유로 진지하게 읽어주지 않을 것 같았어요.

이후 우리 두 사람은 수학 연구에 대한 깊은 의견을 주고받는 사이가 되었어요. 앞에서 이야기했듯이 나중에 가우스도 르블랑이 소피 제르맹이란 여성이라는 사실을 알게 되었고, 이렇게 편지를 보내왔어요.

"여성에 대한 관습과 편견 같은 많은 걸림돌이 있습니다. 그런데 소피 제르맹 당신은 그런 장애물을 뛰어넘어 깊은 통찰을 할 수 있는 가장 고귀한 용기와 뛰어난 재능을 가지고 있습니다."

가우스는 나에게 명예학위를 주도록 자신이 몸담고 있는 괴팅겐 대학 측에 추천하기도 했어요.

1808년 프랑스를 방문한 물리학자 클라드니가 신기한 실험을 보여주었어요. 그는 얇은 판에 모래를 뿌린 후, 판 가장자리를 바이

· 2부. 다른 사람의 좁은 상상력 안에 자신을 가두지 않다 ·

올린 활로 문질렀어요. 그러자 판이 떨렸고, 모래들이 흩어졌다가 모이며 일정한 무늬를 만들었어요. 활을 문지르는 위치를 바꿀 때마다 무늬가 생기는 패턴도 달라졌어요. 나폴레옹은 이 실험에 매우 감동해 떨림으로 무늬가 생기는 과정을 수학 공식으로 증명하는 사람에게 상을 주겠다고 했어요. 상품으로 금 1킬로그램을 내걸었지요.

나는 평소 편지를 주고받던 르장드르란 수학자가 만든 방정식을 참고해 이것을 증명하려고 도전했어요. 1차 도전에 논문을 제출한 사람은 나 혼자였어요. 이 사실은 파리 사람들에게 충격을 안겨 주었지요. 출전작이 겨우 한 편뿐인데다가, 그걸 쓴 사람이 학교 문턱도 넘어보지 못한 여자라니! 내 논문은 훌륭했지만, 수학 계산에 약간의 오류가 있는 것으로 드러났어요. 간혹 내가 학교 교육을 체계적으로 받은 적이 없어 짜임새 있게 논문을 완성하지 못했다고 주장하는 사람들도 있었어요.

이때 심사위원 중에는 오래전부터 나와 편지를 주고 받던 라그랑주 교수님도 있었어요. 교수님은 내가 논문에서 제시한 가설을 이용해 새로운 방정식을 만들었어요. 나는 그 방정식이 적용되지 못하는 부분을 찾아내 더 연구한 뒤 2차 공모에 다시 도전했어요. 2차 공모 역시 당선작은 없었고, 난 우수상을 받았어요. 그후 논문 공모는 3차까지 연장되었고, 난 포기하지 않고 3차에 다시 도전했어요. 평평한 면뿐만 아니라 구부러진 면에서 일어나는 떨림을 연구해 논문으로 제출했지요. 드디어 이번에는 심사위원들의 칭찬과 감탄을 받으며 대상 수상자로 선정되었어요.

세 번의 도전 끝에 프랑스 과학 아카데미가 주는 대상을 받게 되었지만, 시상식에는 참석하지 못했어요. 당시 여성들은 회원의 부인만 프랑스 과학 아카데미의 공식행사에 참석할 수 있었기 때문이에요.

게다가 과학 아카데미에는 내가 회원이 아니라는 이유로 수상받은 논문도 출판하기를 거부했어요. 학교 교육도 받지 못하고, 학계에 아무런 인맥도 없는 나 같은 여성을 학문적 동료로 인정해주고 싶지 않았던 거지요. 하지만 난 전혀 기죽지 않았어요. 그런 것에 일일이 신경쓰면서 내 소중한 인생을 낭비할 수는 없으니까요. 그리고 무엇보다 다행인 것은 부모님의 재정적 지원이 있었다는 거예요. 만일 그렇지 않았다면, 다른 일을 해서라도 돈을 벌어야 했겠죠. 내 소중한 세 편의 논문을 출판해야 했으니까요. 파리 과학 아카데미가 출판을 거부하는 바람에 내 돈으로 찍어내야 했던 논문들은 훗날 탄성 이론의 기초를 닦았다는 평가를 받게 되었지요.

여성이라서 끝까지
인정받지 못한 수학자
⋮

1816년경 나의 도전 정신에 불을 당기는 또 하나의 공모전이 열렸어요. '페르마의 마지막 정리'가 옳다는 것을 증명한 사람에게 파리 과학아카데미가 상을 준다는 발표가 있었어요.

평소 정수론에 관심이 많았던 나는 '페르마의 마지막 정리'를 증명하기 위한 연구를 시작했지요. 결국 이 중 일부를 증명하는 데 성공했고, 이 과정에서 '소피 제르맹 소수'와, '소피 제르맹의 정리'를 만들어냈어요. 1994년 '페르마의 마지막 정리'가 현대 수학으로 완전히 증명되었을 때 내 이론들이 큰 도움을 주었다는 평가를 받았어요. 또, 오늘날 수학자들이 찾아낸 소피 제르맹 소수들은 컴퓨터

소피 제르맹이 제시한 탄성 이론은 파리의 상징 에펠탑을 짓는 데도 활용되었다.

프로그램에서 암호를 만들 때 유용하게 쓰이고 있어요.

난 수학뿐만 아니라 물리학이나 화학, 그라고 역사와 철학에도 관심이 많았어요. 그래서 이런 폭넓은 관심이 반영된 논문들도 썼지요. 철학자 콩트가 이 논문들을 읽고, "통합과학의 기초를 보여주는 훌륭한 글이다."라고 평가해주었어요. 이후에도 쉰다섯의 나이로 세상을 떠날 때까지 나는 계속 수 이론과 물체의 떨림에 대한 이론를 더욱 깊이 연구했어요. 다행히 죽기 얼마 전에 파리 아카데미는 기쁘기도 하고 화나기도 하는 소식을 전해주었어요. 기쁜 것은 드디어 내가 아카데미의 정식 회원이 되었다는 사실이었지요.

아카데미에서 서기를 맡고 있던 조제프 푸리에의 친구 자격으로 말이에요. 아쉬운 것은 끝까지 나를 한 사람의 수학자로 인정해주지 않았다는 점이었어요. 난 그저 기존 회원 조제프 푸리에의 친구일 뿐이었어요.

물체의 떨림에 대한 논문을 통해 내가 제시한 탄성 이론은 이후 높은 건물이나 에펠탑을 짓는 데 활용되었어요. 세월이 흘렀지만 프랑스 사회의 나에 대한 푸대접은 여전했어요. 에펠탑의 몸통에 새겨진 '프랑스의 위대한 과학자와 수학자' 명단에서 '소피 제르맹'이란 내 이름은 보이지 않았어요. 내가 에콜 폴리테크니크를 졸업한 남성이었고, 파리 과학아카데미의 회원으로 활약했다면 어땠을까요? 살아생전 내가 정립한 이론과 논문만으로도 이미 많은 존경을 받았을 것이고, 당연히 에펠탑에도 내 이름이 새겨졌을 거예요.

프랑스 정부는 뒤늦게 탄성체 진동에 대한 내 업적을 인정해주기로 했어요. 소피 제르맹 기념우표를 2016년에 발행해주었거든요. 내 마음이 간절히 원하는 길을 따라, 누가 뭐라고 하든 포기하지 않고 도전을 거듭했더니 뒤늦게나마 인정을 받게 된 거예요. 그리고 이제는 길이길이 사람들이 기억해주는 수학자로서 많은 책과 이야기를 통해 독자들과 만나고 있어요. 여러분도 꿈을 이루기 위해 도전하다가 힘들고 지칠 때면 나, 소피 제르맹을 기억하길 바랄게요.

7

Elizabeth Blackwell(1821~1910)

여자 의과대학을 세운
미국 최초 여성 의사
엘리자베스 블랙웰의 편지

만약 사회가 여성의 자유로운 발전을 인정하지 않는다면,
그런 사회는 재건축되어야 한다.
― 엘리자베스 블랙웰

난 젊었을 때 나쁜 여자로 몰린 적이 있어요. 제네바 의과대학의 신입생인 내가 대학가의 작은 마을에 나타나자 소동이 일어났지요. 마을사람들은 여자 의대생을 처음 봤거든요. 사람들은 내 뒤통수를 가리키며 험담을 하기 바빴어요. 그들이 내게 던지는 무수한 비난을 한 마디로 요약하자면 이거였어요.

"여자가 감히 돈 잘 벌고 존경받는 의사가 되기 위해 남자들과 경쟁하다니 괘씸하군…"

요즈음 말로 하자면, "여자가 왜 나대는 거야? 한쪽에 조용히 있지 못하고…"였어요. 난 처음에 예상치 못한 이런 소동 앞에서 당황했어요. 학교에서도 남성들뿐인 교수님과 친구들에게 매일 따돌림당하는데, 학교 밖 마을사람들까지 나에 대한 이상한 소문을 퍼뜨리다니… 하루하루 생활이 살얼음판 위를 걷는 것 같았지요. 게다가 모두 나를 동물원 원숭이 보듯 구경하는 바람에 항상 감시당하는 기분이 들었어요. 기분 좋다고 큰소리로 웃기도, 기분 나쁘다고 인상 쓰기도 어려웠어요. 늘 꼬투리를 잡으려는 주위 사람들 눈치를 보아야 했으니까요.

이처럼 미국 최초의 여자 의대생으로 살아가는 것은 정말 쉽지 않았어요. 사실 어렵게 학교를 졸업한다 해도 의사로 고용해줄 병원이 있을지, 여성 의사인 내게 진료 받으러 올 환자가 있을지도 자신이 없었어요. 하지만 난 결코 포기하지 않겠다고 굳게 마음먹었어요. 내가 만일 중간에 포기한다면, 나쁜 선례를 남겼으니 앞으로 여학생들은 의대에 들어오기가 더욱 어려워질 것 같았어요. 최초의 여성 의사가 되기란 쉽지는 않지만, 내 뒤에 따라올 수많은 여성 의사들을 위해서라도 힘을 내야 했지요.

결국 난 미국 최초의 여성 의사가 되었고, 여학생들만을 위한 의과대학도 세웠어요. 또 내가 길을 열어준 덕분에 여동생도 의사가 되어 아동과 여성을 위한 전문 병원을 나와 함께 세웠지요. 어떤 분야에서든 선구자가 되기란 쉽지 않지만, 그 열매는 너무나 풍성하고 멋진 법이에요.

여학생인 내가 금기를 깨고 의대에 들어가 누구도 상상하지 못했던 어마어마한 일들을 이루어낸 과정은 과연 어땠을까요?

친구의 마지막 부탁을
인생 목표로
∶

나는 1821년 영국 잉글랜드 브리스틀에서 9남매 중 셋째로 태어났어요. 아버지는 부유한 설탕 제조업자였어요. 하지만 내가 열한 살 때 설탕 공장에 불이 나는 바람에 아버지의 사업이 망했어요. 우리 가족은 돌파구를 찾아 미국으로 이주했어요. 아버지는 이곳에서도 설탕 사업을 다시 시작했어요. 그런데 당시 미국에선 흑인 노예가 값싼 임금을 받으며 힘든 일을 하고 있었어요. 아버지는 사업을 하기 위해 어쩔 수 없이 노예를 부렸지만, 옳지 않은 제도라는 생각에 괴로워하셨어요. 그래서 노예 반대 운동에도 참여하셨지요. 사실 우리 형제들도 노예제도가 싫어서 설탕 먹지 않기 운동을 벌이기도 했어요.

1838년에는 더 큰 불행이 찾아왔어요. 가족을 먹여 살리려고 여러 가지 일을 하던 아버지가 갑작스럽게 세상을 떠나신 거예요. 남은 가족은 생계를 유지하기 위해 새로운 사업을 벌이기로 했어요. 여자아이들을 위한 작은 학교를 열었지요. 그런데 이 무렵 친구 매리가 암에 걸렸다는 소식을 듣게 되었어요. 매리는 자신을 돌봐주러 온 내게 충격적인 말을 했어요. 의사가 남자라서 어디가 어떻게 아픈지를 제대로 말하지 못했다는 거예요. 부끄럽기도 하고, 어차피 잘 알아듣지 못할 것 같아서 그랬다지 뭐예요. 친구는 마지막으로 이렇게 한 마디 덧붙였어요.

"엘리자베스, 넌 똑똑하니까 의학을 공부해서 좋은 의사가 되어봐."

친구의 부탁은 오래도록 내 마음에 남았어요. 그녀가 젊은 나이에 병으로 세상을 떠나는 날 나는 꼭 의사가 되겠다고 마음을 굳혔어요. 그런데 당시 미국에는 여성 의사가 한 명도 없었어요. 왜냐하면 의과대학에서 아예 여학생을 뽑지 않았으니까요.

가족들은 내 결심을 지지해주었어요. 의사가 되어 많은 여성들에게 좋은 본보기가 되라고 했지요. 그러면서도 비싼 의대 학비를 어떻게 마련할 것인지 걱정했어요. 그리고 주변에 있는 의사 친구들을 내게 소개시켜주었어요.

남장을 하고 의대에
지원을 하라고요?
:

난 애쉬빌의 한 학교에서 2년 동안 교사로 일하며 학비를 벌었어요. 그리고 의사 친구들로부터 책을 빌려 열심히 의학 공부를 했어요. 궁금한 것이 있으면 친구에게 물어보기도 했고, 실제로 병원에 가서 일을 도우며 경험을 쌓기도 했지요. 어느 정도 돈을 모은 뒤 필라델피아에 있는 의과대학 네 곳에 지원서를 냈어요. 결과는 모두 거절이었고, 심지어 내 처지를 딱하게 여긴 교수님에게 이런 말도 들었어요.

"파리로 가서 남장을 하고 지원해보세요."

개방적인 파리니까 남장이 들통나도 내쫓지는 않을 것이라는 말씀이었지요. 어쨌든 미국뿐만 아니라, 유럽에서도 의대에 가려면 남장까지 해야 하는 게 당시의 현실이었어요.

하지만, 그렇다고 포기할 수는 없었어요. 난 미국에 있는 모든 의과대학에 원서를 넣어보기로 했어요. 모두 29개 학교에 원서를 넣었고, 연달아 거절 통보를 받았지요. 점점 실망이 커져갈 때, 제네바 의과대학으로부터 한 통의 편지가 날아왔어요. 또 다른 거절 편지이겠거니 생각하고 담담하게 봉투를 뜯었어요. 그런데 내용을 확인하고선 기쁜 마음에 환호했지요. 그것은 제네바 의과대학 합격을 알리는 편지였어요.

제네바 의과대학도 다른 모든 의과대학과 마찬가지로, 지금까지 여학생을 뽑았던 적이 없었어요. 학교에선 나의 입학 여부를 두고 전교생이 참여한 투표를 했다고 해요. 여기저기서 불만의 목소리가 터져나왔대요.

"여자가 감히 의대에 들어온다고?!"

"여자가 의사가 되면, 남자가 엄마가 되는 날도 오겠군."

학생들은 이런 투표 자체가 말도 안 되는 일이라 생각했어요. 그리고 설마 정말 여학생을 받아들이겠는가 싶어 장난삼아 일제히 찬성에 표를 던졌어요. 하지만 학교 측에서는 결과를 그대로 받아들여 내게 입학을 허락했어요. 학생들은 충격을 받았지만, 마지막 순간까지 설마 내가 강의실에 나타나리라고는 생각지도 않았대요. 물론 난 그들의 착각을 깨부수며 강의실에 당당하게 등장했어요.

의대 공부는 쉽지 않았어요. 교수님들은 내게 남학생들과 따로 떨어져 앉으라 했고, 해부실엔 들어오지도 못하게 했어요. 가장 큰 이유는 해부용 시체가 남성이기 때문이었어요. 감히 여성이 어떻게 남성의 벗은 몸을 볼 수 있겠느냐고 펄쩍 뛰던 교수님을 생각하면 지금도 웃음이 나와요. 생식기에 대해서 배울 때도 교수님은 나한테 나가라고 하셨어요. 남학생들은 여성의 생식기에 대해 아무렇지도 않게 배우는데, 왜 여학생은 남성의 생식기에 대해 배우면 안 된다는 건지 이해할 수 없었어요. 그리고 의학 공부를 하면서도 사람의 몸을 성적인 대상으로 보는 것 같아 기분 나빴지요. 그래서 난 거세게 항의하며 강의실을 나가지 않고 버텼어요.

학교 밖에서도 난 유명인사였어요. 유일한 여자 의대생인 내가 지나가면 마을사람들이 손가락질하면서, 정숙하지 못한 여자라고 비난했지요. 하지만 난 꿈쩍도 하지 않았어요. 의대에 다니기 위해 몇 년이나 저축했고, 미리 의학책까지 빌려 공부를 해두었어요. 게다가 수많은 의과대학으로부터 거절당한 뒤 학생투표까지 거친 다음에 겨우 들어온 대학이었어요. 나는 여성이 의학 공부하는 것을 못마땅하게 여기는 사람들에게 여성도 훌륭한 의사가 될 수 있다는 것을 보여주고 싶었어요. 이를 악물고 공부했고, 그 결과 가장 우수한 성적으로 제네바 의대를 졸업했지요. 학장은 졸업식에서 내게 고개를 숙여 경의를 표했어요.

졸업은 했지만 예상대로 나를 받아주는 병원은 없었어요. 미국은 여전히 여성 의사에게 굳게 문을 닫고 있었어요. 때문에 파리와 런던의 병원을 돌아다니며 수련의로서 경험을 쌓았어요. 이 시기에 나이팅게일을 만나 친구가 되었고, 우리는 서로의 꿈을 함께 나누면서 깊은 우정을 쌓았어요. 우리는 각자 나중에 큰 병원을 세우기로 했고, 실제로 그 꿈은 이루어졌어요.

파리의 한 소아과에서 수련의로 일할 때였어요. 심각한 결막염에 걸린 갓난아기를 돌보다가 나도 전염되고 말았지요. 결국 한쪽 눈을 거의 볼 수 없게 되었고요, 그때 난 예방과 위생의 중요성을 깨달았어요. 원래는 수술을 잘하는 외과의사가 되고 싶었지만, 이

90

일로 포기해야 했어요.

당시 의사들은 감염성 질환에 걸린 환자들을 치료하거나 전염병으로 숨진 환자의 시체를 검사하고서 손도 씻지 않고 갓난아기를 돌보았어요. 진료하느라 바쁘기 때문에 중간중간 손 씻을 생각은 전혀 하지 않았지요. 때문에 면역력이 약한 신생아들은 의사의 더러운 손을 통해 감염되어 순식간에 목숨을 잃는 경우가 많았어요. 난 한쪽 눈을 잃고 난 뒤부터 동료 의사들에게 손을 씻어야 한다고 강조하기 시작했어요.

치료보다는 중요한
예방의학
∶

수련의를 마치고 미국으로 돌아와도, 여전히 나를 받아주는 병원은 없었어요. 병원엔 남성 의사들만 기세등등하게 오가고 있었고, 가난한 사람들은 몸이 아파도 진료 받을 꿈도 못 꾸는 게 현실이었어요. 여성이기 때문에 온갖 차별을 받으며 어렵게 공부한 뒤에도 병원에 자리잡지 못하는 내 처지가 가난한 사람들과 비슷하다는 생각이 들었어요. 한쪽은 돈이 없어서, 한쪽은 여성이라서 의료계로부터 소외당하고 있었지요.

나는 어차피 병원에 취직할 수 없다면, 미국 의료계로부터 배척당하는 가난한 사람들을 보살피기로 했어요. 우선은 빈민가를 돌아다니며, 여성과 어린이 환자를 주로 돌보았어요. 위생과 식생활이 엉망인 곳에서 진료를 하다보니 미리 막을 수 있는 병으로 고생을 하는 환자들을 많이 보게 되었어요. 좀더 깨끗한 곳에서 좀더 잘 먹을 수만 있어도 걸리지 않았을 질병에 허덕이는 사람들을 보면, 치료보다는 예방이 중요하다는 생각이 점점 더 확고해졌어요.

나는 주민들의 집을 일일이 찾아다니며, 주변을 청결하게 유지하고, 음식을 신선하게 관리하는 법 등을 가르쳐주었어요. 이런 예방법은 차츰 효과를 보기 시작했고, 점점 중요성을 인정받아 나중에 보건의학이라는 분야로 자리 잡게 되었어요.

환자를 아끼는 마음으로 헌신적인 치료를 하자 사람들이 마음을 열고 다가오기 시작했어요. 나의 진료활동을 도와주려는 사람들도 하나둘 나타났어요. 그 사이에 동생 에밀리도 의과대학을 졸업해 의사가 되었어요. 나는 에밀리와 함께 많은 사람들의 도움을 받아 1853년에 처음으로 빈민가에 병원을 열었어요. 헌 집을 수리해 세운 이 병원의 이름은 '뉴욕 빈곤 여성·아동 진료소'예요. 처음엔 여성 의사들만 있는 병원이라고 환자들이 진료받기를 꺼렸어요. 하지만 우리의 헌신적인 진료가 입소문을 타기 시작해 그 이듬해에는 첫해의 열 배가 넘는 환자들이 찾아왔어요.

나는 병원을 세우는 데 만족하지 않고, 여학생들만을 위한 의과대학을 만들어야겠다는 생각이 들었어요. 여성에겐 의사가 될 기회를 주지도 않고 남성 의사들끼리 똘똘 뭉쳐 자기 배를 불릴 환자만 진료하는 미국 의료체계 전체를 바꾸어놓고 싶었기 때문이에요. 무엇보다 자신이 공부하고 싶은 분야에서 최선을 다하면 여자

여학생들만을 위한 의과대학을 세운 엘리자베스 블랙웰

들도 자유롭게 성공할 수 있는 사회를 만들고 싶었어요. 그래서 우선 나와 생각을 같이하는 수많은 여성 의사들을 키워야겠다는 생각이 들었어요. 1868년에 드디어 뉴욕 시에 여성 의과대학을 설립했고, 이 학교는 엄격한 입학 기준과 교육 과정으로 유명했어요. 잠시 동안 학교에 다녔던 소피아 젝스 블레이크란 학생은 나중에 런던에 여성들을 위한 의과대학도 세우게 되지요.

　나도 한때는 멋진 남성에게 끌리기도 했어요. 그들과 로맨틱한 사랑을 나누고, 결혼하면 어떨까 하는 생각이 들 때도 있었어요. 하지만 남편에게 의존하지 않고 독립적으로 자유롭게 살아가는 삶이 더 좋았어요. 그래서 결혼하지 않기로 마음 먹고, 이제 막 일곱 살이 된 고아 캐서린 배리를 딸로 입양했어요. 피를 나눈 자식은 아니었지만, 남은 생애 동안 캐서린은 내게 큰 힘이 되어주었어요. 특히 힘들고 외로울 때면 상냥한 캐서린이 아일랜드인다운 충직함을 지키며 내 곁에 머물렀지요.

미국의 병원과 학교가 자리를 잡자, 나는 캐서린과 함께 고향인 영국으로 돌아갔어요. 이곳에서도 의과대학을 세우고, 전국으로 강연을 다니면서 예방의학의 중요성을 널리 알렸어요. 의사들의 중요한 임무 중 하나가 질병을 미리 예방하는 것이라 믿었기 때문에, 영국 정부를 설득해 국립보건학회를 설립하도록 했어요. 전 국민의 건강을 지키고 질병을 예방하려면, 정부 차원에서 국민들을 교육하고, 의료 체계를 정비하는 것이 꼭 필요하다고 생각했기 때문이에요. 내 예상대로 이 학회는 영국 국민의 보건 증진에 크게 기여했고, 이웃 나라들에게도 정부의 보건정책이 얼마나 중요한지를 잘 알리는 계기가 되었어요. 수십 년 전, 제네바 의과대학에서 한 사람의 여학생을 받아들임으로 인해 미국과 영국, 더 나아가 세계 여러 나라의 보건정책이 바뀌는 기적이 일어났지요.

여성도 의사가 될 수 있도록 길을 열어주고, 여성이 나아가야 할 길을 보여주어 감사하다는 편지들을 꽤 많이 받았어요. 젊은이들이게 희망을 주어 고맙다는 한마디만으로도 내가 정말 잘 살아왔구나 하는 생각을 했답니다.

8

Grace Hopper(1906~1992)

최초의 대화형 컴퓨터
프로그램 언어 개발자
그레이스 호퍼의 편지

좋은 생각이 있다면 일단
그것을 실행에 옮기고, 앞으로 나아가라.
미리 허락을 구하기보다는 나중에
사과하는 것이 더 쉬운 법이다.
— 그레이스 호퍼

내가 처음에 프로그램을 짤 때는 1과 0을 무수히 반복하는 디지털 신호를 이용했어요. 컴퓨터는 전기회로가 켜지고 꺼지는 신호를 기준으로 움직이기 때문에 이에 해당하는 신호인 1과 0으로 명령을 내려야만 움직여요. 그런데 이런 방식으로는 프로그램을 짜는 데 시간이 많이 걸리고, 중간에 실수를 해도 찾아내기가 어려워요. 난 이런 불편함을 해결하고 싶었어요. 모두 당연히 여기며 받아들이는 불편함이 내게는 해결해야 할 문제로 다가왔지요.

사람이 일상 언어로 명령을 내려도 컴퓨터가 이것을 디지털 신호로 바꾸어 알아듣는 프로그램을 짜야겠다는 생각이 들었어요. 그래서 이 일을 추진하려 했지만, 아무도 내 말에 귀를 기울이지 않았어요. 몇몇 사람들은 불가능한 일이라고 했지요. 하지만 난 어떻게든 해낼 자신이 있었기 때문에 이 일에 홀로 뛰어들었고, 결국 성공했지요. 내가 만든 컴파일러란 프로그램은 영어 단어로 내린 명령을 컴퓨터가 이해할 수 있는 기계어로 번역해 모두를 놀라게 했지요. 그리고 이 프로그램 덕분에 인간의 컴퓨터 사용법은 한 단계 업그레이드되었어요.

어떤 좋은 변화를 추진하려고 할 때 주위 사람들의 허락이나 협조를 받으려면 아주 오래 기다리게 돼요. 대부분 그 사이에 의욕은 사라지고 결국 아무것도 바꿀 수 없게 되지요.

특히 여성들은 다른 사람이 허락하지 않은 일에는 도전하지 않으려는 경향이 강해요. 어렸을 때부터 주변을 배려하도록 강요받는 경우가 많았기 때문이에요. 이렇게 자란 아이들은 항상 다른 사람의 기준을 쫓아가다가 자신의 내면에서 올라오는 목소리를 놓치게 돼요. 하지만 기억해야 해요. 지금 내가 해야 할 일을 가장 잘 아는 사람은 나 자신이에요.

무언가 좋은 일을 하고 싶다면, 그것에 용감하게 뛰어들어봐요. 물론 멋진 시도가 좋은 열매를 맺으려면, 일단 자기 자신이 튼튼한 나무가 되어 있어야 해요. 그리고 열매를 맺을 만한 곳에 뿌리를 내려야겠지요. 그럼 지금부터 끊임없이 도전하고 열매 맺었던 나의 삶에 대한 이야기를 들려줄테니 도움이 되길 바랄게요.

새로운 도전을 겁내지
않았던 여자아이

:

난 1905년 뉴욕에서 태어났어요. 내가 태어났을 때 미국에선 처음으로 여성들이 투표를 할 수 있었고, 가정에도 전기가 보급되기 시작했어요. 가전제품이 별로 없던 시절이라 집안에서 가장 신기한 기계는 시계였지요. 무엇이든 잘 뜯어고치는 아이였던 나는 여섯 살 무렵 시계가 어떻게 돌아가는지 알아보고 싶어졌어요. 그래서 집안에 있는 시계란 시계는 모두 가져다가 뜯어보았지요. 엄마가 나를 발견했을 때는 이미 일곱 개나 되는 시계를 뜯은 뒤였다고 해요. 다행히도 엄마는 화내지 않으셨어요. 대신 '우리 딸은 보통 여자아이들과 좀 다르구나. 놀라운 그레이스(Amazing Grace)!'라고 감탄하셨어요.

난 고등학교를 남들보다 2년이나 일찍 졸업했지만, 라틴어 때문에 대학입학 시험에 떨어지고 말았어요. 하지만 열심히 다시 노력해 다음 해 당당히 합격했지요. 난 무엇이든 새로운 일에 도전하는 것이 좋았어요. 그래서 대학 다닐 때엔 곡예비행기를 타는 모험도 두려워하지 않았어요. 요동치는 비행기를 타고 높은 하늘에서 세상을 내려다보면, 남들이 할 수 없는 놀라운 일을 해냈다는 뿌듯한 기쁨에 가슴이 벅찼어요.

스물여덟 살에는 예일 대학교에서 수학 박사학위를 받았어요. 이후 바사 대학 수학 교수로 있다가 제2차 세계대전이 일어나자 해군에 지원했어요. 여성도 국가를 위해 싸울 수 있다는 것을 보여주고 싶었기 때문이에요.

그 사이에 결혼도 했지만 아이는 없었어요. 내가 해군에 들어가고 얼마 지나지 않아 이혼했는데, 주변에는 알리지 않았어요. 호퍼(Hopper)라는 남편의 성도 그대로 썼어요. 당시엔 이혼하면 사회적으로 비난 받기 쉬웠기 때문이에요. 주위 사람들은 내가 남편에 대해 한 마디도 하지 않아 전쟁에서 죽은 줄 알았다고 해요.

컴퓨터와의
운명적인 만남

:

처음 해군에 지원했을 때엔 나이도 많고, 체중도 모자라서 거절당했어요. 당시 난 서른여섯 살이었고, 47킬로그램밖에 나가지 않았거든요. 하지만 포기하지 않았어요. 1년 동안 끈질기게 해군을 설득했지요. 전쟁중이라 해군에선 암호를 해독하고, 미사일 속도와 거리를 정확히 계산할 수 있는 수학자가 필요했어요. 나는 해군에서 내 수학 실력을 높이 평가할 수 있도록 여러 가지 노력을 기울여 겨우 입대 허락을 받아냈어요. 만일 내가 처음 거절당했을 때 포기했다면, 나중에 컴퓨터와 운명적으로 만나 '컴퓨터 프로그램의 어머니'란 말을 들을 만큼 성장할 일도 없었을 거예요. 무엇이든 이미 할 만큼 해봤다고 포기하는 순간, 그 뒤에 펼쳐질 놀라운 미래의 문이 닫힌다는 것을 이때 깨달았지요.

난 입대 동기들 중 1등으로 교육과정을 마친 뒤 중위로 임관되었어요. 이후 하버드 대학으로 파견되어 '마크 I 연구팀'에서 일하도록 배치받았지요. 마크 I은 세계 최초의 전기식 컴퓨터인 콜로서스의 한 종류예요. 수십 명의 계산원들이 달려들어 풀었던 문제들을 빠른 속도로 풀기 위해 제작된 컴퓨터지요. 이때까지만 해도 컴퓨터는 거대하고 빠른 계산기로만 쓰이고 있었어요. 핵폭탄 개발이 목표인 맨해튼 프로젝트에 필요한 복잡한 방정식을 풀거나 적군이 사용하는 암호를 해독하는 데 중요한 역할을 했어요.

난 '마크 I 연구팀'의 연구원 열 명 중 유일한 여성이었어요. 나중에 알았지만 동료들은 내 옆에 앉지 않으려고 서로에게 뇌물까지 주었다고 해요. 나도 그런 분위기를 눈치채기는 했어요. 하지만 나머지 아홉 남성보다 훨씬 일을 잘 해서 그들의 코를 납작하게 만들자신이 있었기 때문에 별로 신경쓰지 않았어요.

길이가 15미터, 무게가 4,500킬로그램에 이르는 마크 I을 처음본 순간, 세상에서 가장 아름다운 예술작품을 보았을 때처럼 감동했지요. 어린 시절부터 기계를 뜯어보는 게 취미였던 나는 재빨리컴퓨터의 작동원리를 파악했어요. 당시엔 일정 패턴에 따라 구멍을 뚫은 펀치 카드로 마크 I에 명령을 입력했어요. 나중에 쓰이게 될 디지털 신호와 비교하자면, 구멍을 뚫은 경우가 1, 뚫지 않은 경우가 0이에요. 이 펀치 카드로 복잡한 수학 계산을 표현할 경우 수백 장이 필요하기도 해요.

나중에 마거릿 해밀턴이 NASA에서 프로그래머로 일할 때 자기 키만큼 쌓은 펀치 카드를 옆에 두고 찍은 사진은 지금도 유명해요. 어마어마한 카드의 양이 인상적이어서 그런 것 같아요. 프로그램을 짤 때 이렇게 많은 펀치 카드를 다루다 보면 그만큼 시간도 많이 걸리고, 오류가 생기기도 쉬워요. 그 와중에 간혹 잘못 뚫은 구멍을 발견하면 아예 카드 한 장을 새로 만들어야 하지요. 어느 날 난 종이테이프를 살짝 붙여 잘못된 구멍을 수정했고, 이 편리한 방법은 아주 효과적이었어요. 그리고 이것이 오늘날 프로그램의 일부를 재빠르게 고칠 때 쓰이는 '패치 프로그램'의 출발점이 되었어요.

마크 II라는 컴퓨터에서 일할 때, 갑자기 컴퓨터가 멈춘 적이 있어요. 누구나 프로그램에 문제가 있다고 생각했지만, 내가 짠 프로그램을 검토해보아도 별 문제가 없었어요. 그래서 컴퓨터를 뜯어보기로 했지요. 작은 거울을 들이밀어 구석구석까지 들여다보았더니, 나방 한 마리가 스위치에 걸린 채 죽어 있는 거예요. 이 나방이 바로 컴퓨터에 오류를 일으키는 '버그(BUG)'란 말을 만들어 낸 원조라고 할 수 있지요. 난 이 나방을 노트에 붙인 뒤, '디버깅(debugging)' 작업을 했다고 기록했어요. 오류를 일으킨 벌레를 잡았다는 뜻이에요. 그런데 '디버깅'이란 말 역시 지금도 쓰이고 있어요. 컴퓨터 프로그램이나 시스템에서 논리적인 오류(버그)를 찾아내 제거하는 과정을 가리키지요.

거꾸로 가는
내 방의 시계
:

난 차츰 컴퓨터 전문가가 되어갔어요. 컴퓨터가 무엇인지도 모르던 내가 해군에 입대해 서른일곱 살에 처음 마크 I과 만난 뒤, 미국 최초로 컴퓨터 사용법에 대한 책을 쓸 정도가 되었지요. 컴퓨터와 친해질수록 난 이 기계가 수학 계산 이외에 많은 일을 할 수 있겠다는 생각이 들었어요. 그런데 나보다 90년 먼저 태어난 여성 중에도 이런 생각을 했던 분이 있었지요. 컴퓨터도 없을 때 프로그램을 짰던 에이다 러브레이스. 에이다가 어떤 사람인지 궁금한 독자가 있다면, 이 책 앞부분으로 돌아가서 그녀의 편지를 찾아보기 바랄게요.

나중에 나는 유니백(UNIVAC)이라는 컴퓨터에서 일하게 되었어요. 이때 컴퓨터가 좀더 다양한 일을 해내려면, 1과 0으로 이루어진 이진법 코드로만 프로그램을 짜는 복잡한 시스템을 개선해야겠다고 생각했어요. 그래서 스스로에게 질문을 던졌지요. "왜 컴퓨터는 사람의 말을 배우면 안 되지?" 하지만 동료들은 나의 이런 질문을 어이없어하며 무시했어요. 결국 난 혼자서 문제를 해결해보기로 했고, 앞에서 이야기했던 컴파일러를 개발하는 데 성공했어요.

이 프로그램 덕분에 프로그래머들은 1과 0을 무수히 타이핑하

1960년 유니벡 앞에서 동료들과 함께

는 지루하고 비효율적인 작업에서 해방되었어요. 게다가 수학을 많이 공부하지 않은 일반인들도 일상언어로 프로그램을 짜거나 고칠 수 있게 되었지요.

컴파일러 덕분에 효율적으로 프로그램을 짤 수 있게 되자, 컴퓨터는 수학 계산 말고 좀더 다양한 일을 해낼 수 있게 되었어요. 나와 동료들은 더욱 힘을 내서, 일상 언어로 컴퓨터에게 아주 복잡한 명령을 내리면, 컴파일러가 기계어로 번역하는 체제를 만들었어요. 이때 사용된 프로그래밍 언어를 코볼(COBOL)이라고 해요. '사무 처리를 위한 컴퓨터 프로그래밍 언어'란 뜻이에요.

지칠줄 모르고 일하며 많은 업적을 쌓아온 나였지만, 나이에 따른 제한은 피할 수 없었어요. 예순이 되자, 해군은 내게 은퇴를 강요했어요. 해군을 나오는 날은 인생에서 가장 슬픈 날이었지요. 내 전부나 마찬가지였던 일터에서 버림받았다는 생각에 끝이 보이지 않은 나락으로 떨어지는 기분이었지요. 다행히도 하늘은 나를 버리지 않았어요. 곧 해군에서 다시 불렀거든요. 해군 컴퓨터에 쓰이는 언어들의 표준을 세워줄 사람이 필요했기 때문이에요. 난 일흔 아홉 살까지 일한 뒤, 여성 최초의 해군 제독으로 제대했지요.

난 항상 변화를 두려워하지 않는 용기를 가지고 삶을 헤쳐나갔어요. 대부분 사람들은 변화를 싫어해요. 늘 "우린 이런 식으로 해 왔어."라며, 현실에 안주하려고 해요. 하지만 무언가 새로운 발전을 하고 싶다면, 남들과 다르게 생각하고 행동하기 위해 용기를 내야 해요.

난 늘 내 방의 시계가 거꾸로 돌아가게 해두었어요. 정해진 대로만 일하는 습관에서 벗어나 새로운 발상을 하기 위해서예요. 그리고 이런 노력은 꽃을 피워 컴퓨터가 널리 보급된 새로운 사회라는 결실을 맺었지요.

9

Marie Tharp(1920~2006)

바닷속 지도를 그린
해양지질학자
마리 타프의 편지

마리 타프는 바닷속 지도만 그린 것이 아니라,
지구가 어떻게 움직이는지를 알려주었다.
— 윌리엄 라이언(라몽-도허티 지구관측소 수석 연구원)

난 어렸을 때부터 미국 전역을 돌아다니며 자랐어요. 농업 관련 지도를 만드는 아버지가 작업장을 옮길 때마다 가족을 모두 데리고 다니셨기 때문이에요. 고등학교를 졸업할 때까지 내가 다닌 학교를 세어보면 모두 열일곱 군데나 돼요. 친구를 사귈 만하면 전학을 가야 했기에 혼자 노는 시간이 더 많았어요.

내가 가장 즐겨 하는 놀이는 지도 들여다보기였어요. 아버지를 따라 지도 만드는 현장에도 자주 갔기 때문에 지도를 보면 머릿속에 그 지역이 그려졌어요. 녹색이 진한 곳은 푸른 숲과 들판이고 갈색이 진한 곳일수록 식물이 자라기 어려운 황량한 곳이지요. 지도를 보며 그곳이 어떤 땅일까 상상하는 것보다 더 재미있는 일도 없을 거예요. 그런데 어느 날 문득 세계지도 속 바다를 바라보다 이상한 점을 발견했어요. 육지보다 훨씬 넓은 곳이 온통 똑같은 파란색으로만 칠해져 있었어요. 당시엔 측량기술이 발달하지 않아 바다의 깊이를 제대로 알기 어려워서 그랬을 거예요. 아버지가 그리는 지도가 주로 농사짓는 땅과 관련된 것이라 바다에 가본 적이 없었던 나는 온통 파란색으로 칠해진 바다를 보며, 실제로 어떤 모습일까 궁금해졌어요.

바다에 대한 호기심은 결국 내가 바닷속 지도를 그리는 일에 참여하도록 이끌었지요. 지구에서 가장 높은 산과 계곡이 바닷속에 있다는 사실을 처음으로 알아냈을 때 아무도 믿지 않았어요. 게다가 나의 이런 발견이 당시 배척받던 대륙이동설을 뒷받침한다는 사실이 알려지자, '여자가 하는 헛소리'라고 놀리는 사람도 있었지요.

그럼 지금부터 한때는 조롱거리였던 내 이론이 어떻게 널리 받아들여지게 되었고, 또 그 공로를 어떻게 남성 동료에게 빼앗겼는지에 대한 이야기를 들려줄게요.

신비로운
바다 밑 세계
:

나는 1920년 미시건 주 입실란티에서 태어났어요. 농림부 토양 조사관인 아버지는 전국의 토양 표본을 채취해 지도로 나타내는 일을 했지요. 근무지역을 옮길 때마다 가족 전체가 그곳으로 이사했고, 아버지는 가끔씩 일하는 현장으로 나를 데려가기도 했어요.

난 원래 세인트존스 대학에서 문학을 공부하고 싶었어요. 하지만 1940년대 이 대학은 여학생을 받아주지 않았기 때문에 오하이오 대학으로 진학했어요. 대학에 다닐 때엔 무엇이든 열심히 했고, 여러 방면에 호기심이 많았기 때문에, 다양한 분야를 공부하려고 했지요. 대학 공부를 다 마쳤을 때엔 영문학, 음악, 수학, 지질학 분야에서 모두 네 개의 학위를 받았어요.

내가 오하이오 대학을 졸업한 1943년은 제2차 세계대전이 막바지로 치닫던 때였어요. 대부분 남학생들이 전쟁터로 떠났기 때문에 여학생들이 그 빈자리를 메우도록 격려받았지요. 덕분에 여학생들에게도 과학과 기술을 공부할 수 있는 길이 열렸어요. 난 마침 지질학에 흥미를 느끼고 있던 터였어요. 한 교수님이 "바다가 지구 표면의 반 이상을 덮고 있어도, 과학자들은 바다 밑바닥에 대해 아는 게 거의 없어."라고 말씀하셨기 때문이에요. 그래서 대학을 더 다니면서 석유지질학을 공부해보기로 했어요. 석유지질학은 땅 속에 원유가 모여 있을 만한 곳을 찾는 학문이에요. 물리학, 화학, 생물학, 공학이 어우러진 종합 학문이지요.

난 미시건 대학에서 석유지질학을 공부한 최초의 여학생이 되어 과학자로서 첫걸음을 내딛었어요. 내 관심 분야는 바닷속의 토양이었어요. 대학을 졸업한 후엔, 오클라호마의 한 석유회사에서 잠깐 일했어요. 1948년부터는 뉴욕에 있는 컬럼비아 대학 해양지질연구소에 출근하기 시작했어요. 당시 과학계엔 여성이 거의 드물었어요. 여성은 과학 연구에 맞지 않는다는 편견이 지배적이었거든요. 처음엔 내 윗사람도 나를 미심쩍은 눈으로 바라보았어요. 일도 제대로 맡기려 하지 않고, 단순한 일만 시켰어요. 그래서 난 내가 유능하다는 것을 보여주기 위해 할 수 있는 건 뭐든 했어요. 이곳저곳을 다니며 도와주기도 하고, 시키는 대로 보조해주기도 했지요. 어떨 때는 이런 단순한 일을 하려고 연구소에 들어왔나 싶어 그만둘까 하는 생각이 들 정도였어요. 하지만, 포기하고 싶지는 않았어요. 참으면서 기회를 기다려 다른 남성 연구원들 이상으로 잘해낼 수 있다는 것을 반드시 보여주고 싶었기 때문이에요.

남성 과학자들의
어처구니없는 미신
:

얼마 후 전 세계의 바닷속 지도를 그리는 방대한 프로젝트가 시작되었어요. 20여 년에 걸쳐 진행될 예정인 이 일을 위해선 대서양 밑바닥을 조사하는 일부터 해야 했어요. 연구원들이 배를 타고 대서양으로 나가 직접 조사를 시작했지요. 그런데 상사가 내게 여성은 연구용 선박을 탈 수 없다고 못을 박았어요. 왜 안 되냐고 묻자, 그는 이렇게 대답했어요.

"여자가 배에 타면 재수가 없거든."

나는 귀를 의심했어요. 과학자의 입에서 나온 말이라고 믿기 어려웠기 때문이에요. 그리고 과학 연구소에서 이런 미신을 아무렇지도 않게 이야기하며 여성 연구원을 차별한다는 게 어처구니없었어요. 현실이 부당한 것을 알면서도 어찌해볼 수 없는 나 자신에게 화가 나기도 하고 슬프기도 했어요. 나 자신이 한없이 무력하게 느껴졌고, 이런 직장을 계속 다녀야 하나 싶었어요.

드디어 동료 남성 연구원들이 연구선 '베미 호'를 타고 대서양의 아름다운 노을을 향해 떠나는 날이 되었어요. 나는 그들을 배웅하며 다짐했어요. '슬픔은 바다에 던져버리고 화가 났던 것만 기억하자.'라고요. 때로는 분노가 거대한 에너지를 만든다는 것을 알았기

· 2부. 다른 사람의 좁은 상상력 안에 자신을 가두지 않다 ·

때문이에요

난 내가 있는 자리에서 최선을 다하기로 했어요. 그리고 여성이 재수없는 존재가 아니라는 것을 보여주어 과학기술계로 우수한 여성들이 들어올 수 있도록 길을 닦아야겠다고 생각했어요. 조금 어깨가 무거워지는 기분이었어요. 하지만 분노가 만든 에너지가 뒤에서 밀며 추진력이 되어주었지요.

사실 당시엔 여성들이 과학을 전공했다 해도 과학자가 되기는 어려웠어요. 연구소 같은 곳에서도 여성들이 할 일은 서류 정리나 차를 타서 나르는 것이 대부분이었어요. 사무실에 손님이 찾아오면 커피는 무조건 여자가 타서 준비해야 한다고 믿었던 시절이었으니까요. 까마득한 남자 후배 앞에서 커피를 타서 나르던 여자 선배의 모습이 자연스러웠지요. 어떤 직장이든 커피 타기, 설거지, 서류 정리, 단순 계산처럼 따분하고 지루하고 폼이 안 나서 하기 싫은 일을 여성들에게 값싼 임금으로 떠넘기고, 과학 연구처럼 힘들지만 빛이 나는 일을 할 때엔 "여자가 끼어들면 재수가 없어."라는 말을 아무렇지도 않게 하는 이기적인 남성들이 승승장구하는, 그들만의 세상이었지요.

남성 과학자들과 어깨를 나란히 하는 길은 첫째도 실력, 둘째도 실력, 셋째도 실력이었어요. 난 연구소에 들어오자마자, 이 사실을 깨달았기 때문에 다른 사람들보다 몇 배는 더 열심히 일했어요. 현장 연구가 핵심인 지질학 분야에서, 책상에 앉아 자료를 정리하거나 간단한 지도를 그리는 일은 누구든 꺼려했어요. 하지만 여성인

대서양 지역의 바다 밑 지형을 재현하고 있는 마리 타프

나는 이런 일을 해야만 연구소에서 살아남았지요. 난 묵묵히 주어진 일을 열심히 했고, 결국 윗사람들의 인정을 받아 바닷속 지도 그리는 일에 참여하게 되었어요. 늘 정말 가슴 뛰게 만들 일, 그리고 과학계에 새로운 생각을 일으킬 일을 찾아 제대로 연구해보고 싶었던 나에겐 정말 소중한 기회였지요.

당시엔 소리로 바다의 깊이를 측정하는 소나 기술이 막 발전하고 있었어요. 소나를 이용하면, 물 속으로 쏘아보낸 음파가 바닷속 암석에 부딪혀 돌아오는 시간을 통해 거리를 알 수 있어요. 이 시간이 길수록 그만큼 바다가 깊다고 볼 수 있지요. 나와 한 팀을 이룬 동료 히즌은 소나 기술로 바다 밑바닥 지형을 측정하기 위해 배를 타고 나갔어요. 동료라고는 하지만, 그는 항상 나를 지휘하고 감독하며 조수처럼 대했어요. 로절린드 프랭클린 박사가 윌킨슨에게 받은 대우가 이와 비슷했을까요? 로절린드는 윌킨슨과 사이가 아주 나빴지만, 나는 히즌과 그럭저럭 잘 지냈어요. 그는 일찌감치 박사학위를 받아 컬럼비아 대학 교수가 되었고, 난 대학만 졸업한 연구원이었기 때문에 조수 역할을 할 수도 있다고 생각했거든요.

히즌이 연구선을 타고 나가자, 나는 연구소 안에서 할 수 있는 일을 찾아야 했어요. 연구원들이 이 대서양 곳곳에서 바닷속으로 음파를 쏘아 얻은 자료를 바탕으로 바닷속 지도를 그리는 일을 시작했지. 이것은 내가 가장 잘 하는 분야이기도 했어요.

우선 히즌이 기록한 수천 개의 신호와 미 해군이 수집한 지진 데이터를 함께 분석했어요. 그리고 이를 바탕으로 위도와 경도가 구분되는 바닷속 지도를 완성해 나갔어요. 지도가 세밀하게 완성되어 갈수록 무언가 엄청난 사실이 드러나려 한다는 것을 직감했어요.

그때까지 사람들은 바다 밑바닥은 어둡고 평평한 세계라고 믿고 있었어요. 그런데 내가 그린 지도 속의 바다 밑바닥은 전혀 그렇지 않았어요. 북대서양 바닷속 한가운데에는 남북 방향으로 이어지는 대서양 중앙 해령이 자리잡고 있었어요. 해령은 바닷속에 솟은 높은 산맥을 가리키는 말이에요. 대서양 중앙 해령의 높이는 알프스 산맥과 거의 비슷하고, 길이는 안데스 산맥의 두 배에 가까웠어요. 지구에서 가장 긴 산맥이 깊은 바닷속에 몸을 숨기고 있었던 거예요. 처음엔 아무도 이 놀라운 사실을 믿지 않았어요. 그들이 믿거나 말거나 지도는 점점 더 세밀하게 완성되어갔고, 더욱 놀라운 사실이 발견을 기다리고 있었어요.

대서양 중앙 해령은 두 개의 산맥이 나란히 달리는 모양을 하고 있었어요. 그런데 이 두 산맥 사이에는 깊게 갈라진 틈이 있었지요. 이것은 깊고 좁은 계곡이 대서양 한가운데를 두 부분으로 가르고 있다는 의미였어요. 처음 이 사실을 깨달았을 때, 전 세계가 새롭게 내 눈앞에서 펼쳐지는 기분이 들었어요. 놀라운 가능성으로 가득 찬 캔버스를 앞에 두고, 퍼즐을 짜맞추는 것 같았지요.

대서양 한가운데에 있는 이 깊은 계곡은 아프리카 대륙과 아메리카 대륙이 갈라지는 틈이었어요. 계속되는 화산 폭발과 지진으로 이곳에서 용암이 솟아나와 새로운 해양 지각이 만들어지고 있었지요.

베게너의
판게아 이론을 증명
:

당시 사람들은 대륙은 움직이지 않는 것이라 믿고 있었어요. 그런데 이런 믿음에 큰 논란이 일었어요. 기상학자인 베게너가 지구의 여섯 대륙은 판게아라는 하나의 커다란 대륙이 갈라지면서 생겨났다고 주장했기 때문이에요. 아직 학계는 베게너의 의견에 반대하는 분위기였어요. 오늘날엔 위성 사진 하나만으로도 쉽게 알 수 있는 사실이 그때는 말도 안 되는 추측으로 받아들여졌지요.

· 2부. 다른 사람의 좁은 상상력 안에 자신을 가두지 않다 ·

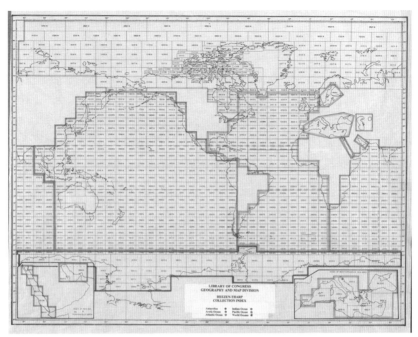

마리 타프와 브루스 히즌이 완성한 지도 작업. 여기에는 초벌 밑그림과 지구 관련 자료, 정확한 깊이 등에 대한 자료가 담겨 있다.

위성 사진으로 보면, 아메리카 대륙 동해안과 아프리카 대륙 서해안은 떨어뜨려놓은 퍼즐 조각 같아요. 둘을 끌어다 붙이면 서로 꼭 맞물리지요. 이 두 대륙은 원래 하나였다가 나뉘어졌기 때문이에요.

내가 그린 바닷속 지도는 이런 베게너의 의견을 지지하고 있었어요. 이에 대해 동료 연구원들이 처음 보인 반응은 베게너에게 쏟아졌던 비난만큼이나 혹독한 것이었어요. 심지어 같은 연구팀인 히즌까지도 내 이야기를 가리켜 '걸 토크(girl talk; 여자들이나 하는 쓸데없는 이야기)'라고 했지요. 여성들이 하면 쓸데없는 이야기가 된다는 그 말 자체도 우스웠지만, 무얼 제대로 가르쳐줘도 알아듣지 못하는 박사님의 고집불통은 더욱 우스웠어요.

난 동료들의 비난에 주장을 굽히지 않았어요. 충분한 근거를 바탕으로 내 의견이 옳다고 믿었기 때문에 더욱더 자세하고 정확하게 묵묵히 바닷속 지도를 그려나갔어요. 이 일을 계기로 수중 촬영이 시도되었고, 결국 바닷속에 드넓게 펼쳐진 산맥과 계곡이 사람들 눈앞에 모습을 드러냈어요. 그리고 내가 그린 지도에 나오는 바닷속 깊은 계곡이 지진활동으로 갈라지면서 아프리카 대륙과 아메리카 대륙을 나누는 경계선이 되었다는 사실도 증명되었어요. 또 지구 표면은 몇 개의 거대한 대륙판으로 갈라져 있고, 이 대륙판들이 항상 움직이고 있다는 사실도 알게 되었지요.

동료인 히즌 박사가 이 새로운 사실을 인정하기까지 거의 1년이 걸렸어요. 처음엔 말도 안 된다고 하더니 점점 증거가 늘어나자 생각을 바꾸었고, 나의 새로운 이론을 자신의 업적인 것처럼 학계에 발표했어요. 지질학계는 기존의 학설을 뒤집는 히즌의 발표에 충격을 받았고, 모든 공로는 그의 차지가 되었어요. 물론 히즌과 동료들이 제공한 자료를 가지고 바닷속 지도를 그렸으니 그의 공로가 전혀 없는 것은 아니었어요. 하지만 히즌이 그렇게 내가 쌓은 업적을 완전히 독차지해버릴 줄은 몰랐어요.

다행히 21세기로 접어들면서 진실이 밝혀지기 시작했어요. 내가 몸담았던 연구소의 후배 과학자 중 한 명이 "마리는 단순히 바닷속 지도를 그린 것이 아니다. 지구가 어떻게 움직이는지를 알아냈다."라는 찬사를 바치기도 했지요. 뒤늦게나마 사람들이 내가 한 일을 알아주니 재수없다는 말을 들으면서도 과학자로서 연구를 포기하지 않기를 정말 잘했다는 생각이 들어요.

IO

Temple Grandin(1947~   )

자폐증을 가진 동물학자
템플 그랜딘의 편지

사람들은 저마다 각기 다른
자신만의 장점을 가지고 있다.
— 템플 그랜딘

난 자폐증을 갖고 있지만 학창시절엔 친구가 꽤 있었어요. 남들보다 늦긴 해도 말로 감정을 표현하는 법과 사람들 사이에서 지켜야 할 예절을 철저하게 교육받았기 때문이에요. 그리고 손재주가 뛰어나 단체로 과제를 할 때 친구들이 내게 도움을 청하는 경우가 많았어요. 난 이때부터 누구나 잘 하는 것은 한 가지씩 있고, 그것을 계발하면 주위사람들로부터 인정받는다는 것을 알게 되었어요.

그런데 고등학교에 진학하면서 잠시나마 지옥을 맛보게 되었지요. 친구들은 입시나 취업 준비로 바빠서 더 이상 내 손재주를 필요로 하지 않게 되었어요. 게다가 모두 사춘기를 지나 성인이 되어가는데 난 여전히 좌충우돌하며 예민한 어린아이처럼 조그만 반응에도 소리를 꽥꽥 지르며 다녔지요. 모두 나를 멀리했고 어떤 아이들은 괴롭히기까지 했어요. 어느 날 화가 폭발한 나머지 나를 괴롭히는 아이를 때리고 퇴학당했어요.

만약 이때 학교에 다니는 것을 포기했더라면 어떻게 되었을까요? 내가 잘 하는 분야를 개발해 사회에서 필요로 하는 일을 해내지 못했더라면 어떻게 되었을까요? 아마 지금과는 전혀 다른 삶을 살고 있겠지요. 교수도 작가도 되지 못한 채 나를 돌보는 가족을 힘들게 하며 살고 있을지도 몰라요.

그럼 지금부터 내가 어떻게 자폐증과 여성이라는 약점을 이기고 목장을 누비는 동물학자가 되었는지 들려줄게요.

딸의 자폐증이
자신 탓이라고 생각한 엄마
:

난 1947년 8월 29일 매사추세츠 주 보스턴에서 태어났어요. 두 살 때 자폐증 진단을 받았지요. 의사는 내가 평생 말을 못할 것이라고 했어요. 그리고 의사소통이 안 되면 키우기 힘드니 보호 기관에 맡기는 게 낫다고도 했지요. 많은 유산을 물려받아 부유하긴 하지만, 괴팍스러운 아버지는 엄마에게 화를 내며 나를 당장 어디로든 보내버리라고 했어요.

1950년대 사람들에게 자폐증은 아주 낯설었어요. 자폐증이 처음 학계에 보고된 게 1943년경인데, 부모가 아이를 양육할 때 너무 차갑게 대하면 걸리는 병이라고 생각했어요. 이 말은 결국 아이와 함께 지내는 시간이 많은 엄마의 잘못이라는 의미였지요. 그래서 아버지는 엄마에게 자주 화를 냈고, 엄마는 죄책감에 시달려야 했어요. 딸의 자폐증이 자신 탓이라고 생각했거든요. 요즘도 사람들은 자녀가 잘못되면 엄마 탓을 해요. 부모는 두 사람인데 비난은 늘 한 사람이 받아요. 자녀가 공부를 못하면, 학습관리를 못한 엄마 탓, 키가 작으면 영양 관리를 못한 엄마 탓, 편식을 하면 식생활 관리를 못한 엄마 탓, 은둔형 외톨이면 정서 관리를 못한 엄마 탓…
아이에게 문제가 생기면, 부모가 함께 원인을 제공했다고 보아야
문제가 해결될 텐데, 늘 엄마 탓만 하니 문제는 풀리지 않는 경우가
많지요.

그나마 요즘은 자폐증이 양육 태도 때문에 생기는 질병이 아니
라는 게 밝혀져 많은 엄마들이 비난의 화살을 벗어날 수 있게 되었
어요. 이 증상은 엄마 뱃속에서 뇌가 처음 발달할 때 특정 부위에
문제가 생기면 발생하는 것으로 보고 있어요. 사실 오늘날엔 질병
이라기보다는 뇌의 활동 성향이 일반인과 다른 하나의 증후군으로
보기도 해요.

예를 들어 일반인들은 어떤 의미를 전달하고 싶을 때 그에 해당
하는 단어를 떠올리지만. 나 같은 자폐인은 그에 해당하는 그림이
나 하나의 장면을 떠올려요. 언어 대신 그림이나 사진으로 생각한
다고 보면 돼요.

상상해봐요. 사과를 달라고 말을 해야 하는데, 사과란 말이 생각
안 나고 사과 모양만 몇십 가지가 쭉 떠오른다면 얼마나 불편하겠
어요? 심지어 상대방이 하는 '사과'라는 말을 못 알아듣기 때문에
사과 그림이나 사진을 보여주어야 한다면, 의사소통이 거의 불가
능해지지요. 게다가 자폐인들은 모든 감각 기관이 극도로 예민해
서, 작은 빛에도 눈부셔하고, 냄새에 민감해 슈퍼마켓의 섬유유연
제 코너는 지나가지도 못하는 경우가 많아요. 어릴 때 난 다른 사람
이 쓰다듬거나 말을 걸면 온몸의 신경이 곤두서 데굴데굴 굴러야

했어요. 그러고 나면 불안한 마음이 좀 가라앉았거든요. 나와 비슷한 증상을 가진 아이 중에는 물 내리는 소리가 무서워 화장실에 가지 못하고, 바지에 그대로 오줌을 싸는 경우도 있어요.

말의 영혼을
이해하는 아이
:

문제는 내가 마흔 살이 될 때까지 자신의 인지세계가 일반인들의 인지세계와 다르게 돌아간다는 것을 전혀 몰랐다는 거예요. 이것은 일반인들도 마찬가지였어요. 자폐인들의 정신세계를 이해하지 못하고 말이 안 통하니까 모자란 사람으로 여기지요. 그런데 우리 엄마는 나를 포기하지 않았어요. 하버드 대학을 졸업한 엄마는 교육의 필요성과 효과를 절대적으로 믿는 사람이었어요. 내게 최고의 보살핌과 교육을 제공해 어떻게든 사회에 적응하도록 가르치려 했지요. 하지만 나를 보호기관에 보내야 한다고 주장하는 아버지와 의견차를 극복하지 못하고, 결국 헤어지고 말았어요.

난 세상과 소통하려면 말부터 배워야 했어요. 자폐인이라 언어를 배우는 것 자체가 힘들었기 때문에, 언어 교육 전문가를 모셔와 일주일에 세 번씩 특수교육을 받았지요. 이 전문가 선생님은 소리를 놓치지 않고 알아듣는 법을 인내심 있게 가르쳐주셨어요. 끊임없는 반복의 연속이었지요. 네 살이 되자, 난 겨우 말을 하기 시작했어요. 드디어 주변과 의사소통이 가능해진 거예요.

· 2부. 다른 사람의 좁은 상상력 안에 자신을 가두지 않다 ·

다음으로 엄마가 모셔온 선생님은 자폐아에게 사회규칙과 예절을 가르쳐본 경험이 있는 가정교사였어요. 이 노련한 선생님은 내게 말로 가르치기보다 시각적인 교육을 해야 한다는 것을 알고 있었어요. 예를 들어 교통규칙을 가르칠 때엔 '위험하다'거나 '교통사고'라는 말을 하는 대신, 차에 치어 죽은 다람쥐를 보여주면서 딱 한 마디 하셨어요.

"길 건널 때 양쪽을 보고 차가 오는지 확인해야 해. 그렇지 않으면 너도 이렇게 된단다."

'위험'이나 '교통사고'라는 말은 이해하기 어려웠지만, '차에 치어 죽은 다람쥐'는 위험을 상징하는 하나의 장면으로 내 머릿속에 깊이 새겨졌어요. 지금도 나는 길을 건널 때면, 다람쥐를 떠올리며 양쪽을 꼭 확인해요.

엄마는 내 행동이 다른 사람에게 이상하게 보이지 않도록 늘 주의를 기울이는 훈련을 시켰어요. 그리고 내게 손재주가 있다는 것을 알고, 열세 살 때부터 아르바이트를 해 용돈을 벌게 했어요. 동네 의상실에서 치맛단 만드는 일을 하도록 했지요.

난 그림도 잘 그렸어요. 일리노어란 친구는 어린 시절 내가 그린 말을 보고 놀랐던 적이 있다고 해요. 그때 일을 이렇게 회상했어요.

"템플, 네가 그린 말은 정말 멋있었어. 넌 말의 영혼을 이해하고 있는 아이 같았어."

중고등학교 시절은 악몽 같았어요. 같은 말을 반복한다는 이유로 친구들에게 놀림을 받고 다투다가 퇴학을 당하기도 했어요. 다시 들어간 학교에서도 끊임없이 괴롭힘 당하고 놀림 당하는 악몽이 계속되었지요. 이 사정을 알게 된 엄마가 나를 목장을 끼고 있는 한 고등학교로 전학시켰어요. 동물을 좋아하는 내가 그곳 기숙사에 머물며, 친구들로부터 받은 마음의 상처에서 회복되기를 바라셨지요.

이 학교에서 난 칼록 선생님을 만났어요. 선생님은 내가 거의 모든 것을 놀라울 정도로 자세하고 정확히 본다는 것을 알아차렸어요. 그리고 한 번 본 이미지는 결코 잊어버리지 않고 영화처럼 연달아 기억해낼 수 있다는 것도 알아보셨고, 그런 재능을 살려 계속 공부할 수 있도록 격려해주셨어요. 대학 진학을 망설이는 내게 자기만의 방에서 걸어나와 세상을 향한 문을 열어보라고 하셨어요. 두려움을 이기고 그냥 대학을 향한 문을 여는 것만으로도 새로운 세계가 내 앞에 펼쳐질 것이라고 하셨지요.

그즈음 나는 동물심리학에 관심이 생겼어요. 목장에서 예방 주사를 맞는 소들이 압박기계와 같은 비좁은 공간에 들어가면, 안정되는 것을 보고 크게 공감했기 때문이에요. 심지어 그와 비슷한 압박기를 스스로 만들어 들어가보기도 했어요. 엄마가 나를 안아줄 때는 어딘지 불안했는데, 이 기계는 왠지 편안한 느낌을 주었어요. 사람의 희로애락에 공감하는 것은 어려웠지만, 신기하게도 소의 마음을 읽는 것은 그리 어렵지 않았어요. 소들과 나는 비슷한 방식으로 세상을 바라보고 느끼는 것 같았지요.

나는 1970년 프랭클린 피어스 칼리지에서 심리학을 전공했고,

애리조나 주립 대학에서 동물 과학 석사학위를, 일리노이 대학에서 동물 과학 박사학위를 받았어요. 그리고 그 사이에 목장에서 기르는 소떼의 동선을 한눈에 파악해 편안하게 다닐 수 있는 이동 길을 설계했어요. 또 기생충 제거 작업을 할 때 소들이 물에 빠져 죽는 이유를 알아내, 욕조를 개선했지요.

그런데 내가 현장에 나가면 대부분이 남성인 목장 노동자들이 강한 거부감을 보였어요. 그들은 나의 개선안을 번번이 무시했지요. 소들이 계속 죽어나가고, 내가 펄쩍 뛰며 화를 낸 뒤에야 겨우 의견을 받아들였어요. 가끔은 아예 목장문을 걸어잠그고 내가 들어오지 못하게 막아놓기도 했어요. 어떻게든 나를 쫓아내고 싶었던 거예요. 그때마다 난 의문을 품었어요. '내가 여성이라서 받아주지 않는 건가? 아니면 자폐증이라서?' 하고요.

사실 그들은 내가 자폐인이 아니었어도 좋아하지 않았을 거예요. 젊은 여성이 와서 이걸 고쳐라, 저걸 고쳐라, 하고 지시하는 것 자체를 싫어했거든요. 마치 어린 시절 내가 누군가 만지거나 말을 걸면 데굴데굴 구르며 거부하듯이 나를 밀어냈어요. 그들이 내건 긴 불평 목록에서 가장 중요한 것은 내가 여성이라는 사실이었지요. 그들은 마치 여성과 소통을 거부하는 집단 같았지요.

운명을 탓하지
않는 용기

：

목장 남자들은 나를 싫어했지만, 소들은 달랐어요. 난 목장에서 소의 마음을 알아주는 유일한 사람이었으니까요. 소는 고통에 둔하고 잘 견디지만, 공포심을 쉽게 느끼고 민감하게 반응해요. 예를 들어 목장 울타리에 걸린 셔츠가 나부끼면, 그 그림자에도 놀라 날뛰어요. 마치 자폐인이 칼로 베이는 고통은 아무렇지도 않게 견디면서, 자그마한 소리나 촉감에는 민감하게 반응하며 뒹구는 것과 비슷해요.

난 소들이 무엇을 두려워하는지 잘 알아냈고, 그것을 반영해 적극적으로 문제를 해결했어요. 그러자 어느 틈에 나를 동물 전문가로 인정해주는 사람들이 하나둘 늘어갔어요.

현재 나는 콜로라도 주립대 교수로 있으면서 대규모 동물 도살장의 컨설턴트로 일하고 있어요. 동물을 사랑한다면서 도살장 일을 한다고 나를 이상하게 바라보는 사람도 있어요. 하지만 피할 수 없는 죽음을 앞둔 동물들이 학대당하지 않도록 지켜주고 싶은 게 내 마음이에요. 어느 날 도살장을 향하던 소 한 마리가 공포에 질려 온몸을 흔들며 날뛰는 모습을 본 적이 있어요. 난 이때 소가 느끼는 격렬한 감정에 깊이 공감했고, 죽음의 순간 소에게 덮칠 공포와 두려움을 최대한 없애기 위한 연구를 시작했어요. 단순히 살아 있는 시간을 연장시키는 것보다는, 살아 있는 동안 최대한 공포와 두려

소의 컨디션을 살피는 템플 그랜딘

움을 해소시켜 주는 게 더 중요하다고 믿어요. 이후 난 목장의 소들이 더 쾌적하게 지낼 수 있는 여러 가축 시설을 설계하고 발명했어요. 기존의 것보다 비용이 더 드는데도, 현재 미국 목장의 절반 이상이 내가 설계한 가축시설을 도입하고 있어요.

이런 시설을 처음에 목장이나 기업에 권유할 때 내가 자폐인이란 사실은 큰 걸림돌이었어요. 일단 언어구사가 공격적이고 세련되지 못하기 때문에 내 이야기를 귀담아 들으려는 사람들이 거의 없었어요. 그래서 난 궁리 끝에 완벽한 포트폴리오를 준비했어요. 긴 설명 없이 그냥 가축 시설에 대한 내 설계도를 그들 앞에 펼쳤지요. 그러면 대개 몇 분 안에 상대방의 표정이 변하면서, 나와 함께 일하고 싶어했어요. 자신의 능력을 다른 사람에게 보여주어야 할 때엔 이처럼 그동안 자신이 쌓아온 업적이나 결과물을 한눈에 보여주는 것도 좋은 방법인 것 같아요.

난 평생 자폐증을 가지고 살아가게 될 거예요. 현재까지 자폐증은 수술이나 약으로 치료할 수 있는 질병이 아니에요. 세상을 다르게 보고 다르게 느끼도록 태어났기 때문에 그걸 받아들이고 살아가면 돼요. 물론 다른 사람이 어떻게 느끼는지를 알아야 함께 어울려 살 수 있겠지요.

경제적으로 여유있고, 교육열이 높은 엄마를 만난 덕분에 나는 사회에 적응할 수 있도록 적절한 조기 교육을 받았어요. 그리고 여자라면 당연히 결혼해서 가정을 꾸려야 한다는 생각을 버리고 원하는 공부에만 집중했다는 사실도 작가이자 교수이자 강연가로 성공하는 데 유리하게 작용했어요. 사실 난 대학에서 행정 사무를 보는 여직원들이 무시당하는 것을 보고 충격받았어요. 집안을 책임지는 주부들의 삶도 그와 비슷할 거라는 생각이 들어서 결혼은 하지 않으려 했지요.

대신 내가 생각하는 살기 좋은 사회를 만드는 데 도움이 되는 삶을 살기로 했어요. 어린 시절 우리 집에 머물며 나를 가르쳤던 선생님들이 해주었던 교육을 자폐인이라면 누구나 받을 수 있고, 아이가 잘못되면 무조건 엄마 탓을 하지 않고, 여성들도 원한다면 목장 관리자로 일할 수 있고, 값싼 임금을 받는 여직원이라는 이유로 어리석은 바보 취급을 당하지 않는 곳이야말로 좋은 사회라고 생각해요. 내가 자폐인이고 또 여성이기 때문에 알게 된 사실이에요. 그리고 이런 깨달음은 내가 더 나은 삶을 살도록 이끌어가는 힘이 되었어요. 이제 난 자폐인이나 여성으로 태어났다고 해서 운명을 탓하지 않기로 했어요. 다른 사람들에게 공감하고 그들의 사랑을 받아 들이는 부분이 좀 둔한 뇌를 가진 대신, 다른 재능을 준 신에게 오히려 감사해야겠지요.

3부

남성보다 무한히 많은 장애물에 당당히 맞서다

마리아 지빌라 메리안   매리 킹슬리   레이첼 카슨   캐서린 존슨   마거릿 해밀턴

II

·

Maria Sibylla Merian(1647~1717)

·

나비의 변태를 최초로 정확히 그려낸
마리아 지빌라 메리안의 편지

마리아 메리안은 동물, 식물, 환경을
최초로 함께 관찰한 생태학의 어머니다.
— 케이 에더리지(마리아 메리언 협회 창립자)

활짝 핀 꽃이 내뿜는 진한 향기를 맡고 날아든 나비와 벌, 그리고 송송 난 털을 곤두세우고 주변을 기어다니는 애벌레. 난 어릴 때부터 어떻게 하면 이런 모습을 좀더 생동감 있게 그려낼 수 있을까 고민했어요. 그래서 직접 벌레를 잡아다 키우기 시작했지요. 수많은 애벌레들 중 무사히 자라 성충인 나방이나 나비가 되는 경우는 몇 퍼센트에 지나지 않아요. 난 그런 애벌레를 잘 키워보려고 먹이가 될 만한 식물도 길렀고, 애벌레가 자라 성충이 되기 위해 고치에서 나오는 장면을 보기 위해 몇날 며칠이고 밤을 새기도 했어요.

쉰 살이 넘어 딸을 데리고 수리남으로 건너가 파충류를 관찰하고 키울 때엔 이들의 먹이와 습관을 알기 위해 정말 많은 책을 읽었지요. 내가 살았던 17세기엔 식물에 관한 책, 곤충에 관한 책, 파충류에 관한 책은 그리 많지 않았고, 모두 제각각이었어요. 식물, 곤충, 파충류가 모두 함께 어우러져 하나의 생태 환경을 이루며 살아가는 모습을 설명한 책은 그 어디에도 없었어요. 게다가 대부분의 책들은 라틴어로 씌어 있어 읽기도 어려웠지요. 그래서 내가 새로운 책을 써야겠다는 생각이 들었어요. 어려운 라틴어로 지루하게 설명만 하는 책이 아니라, 선명하고 화려한 색감을 살린 사실적인 그림으로 많은 것을 보여주는 책을 펴내고 싶었지요.

결국 난 꿈을 이루었어요. 내 책에는 다양한 생명체들이 어우러져 하나의 위대한 생태 공동체를 이루는 모습이 담겨 있어요. 물론 내가 죽고 나서 200년이 흐른 뒤에야 사람들이 내 그림의 가치를 제대로 알아보기 시작했어요. 지금 내 그림들은 예술과 과학을 연결한 둘도 없는 생태학 보고서라는 평가를 받고 있어요.

이런 업적에도 불구하고 단지 여성이라는 이유로 역사의 뒤켠으로 사라질 뻔했던 내 삶의 이야기를 들려줄게요.

그림책 대신
지도를 보며 노는 아이
:
나는 1647년 독일에서 태어났어요. 아버지 마테우스 메리안은 뛰어난 동판화가이자 지리학자였지요. 그리고 출판업자로도 유명했어요. 난 그런 아버지 덕분에 어린 시절부터 세밀한 그림이 들어간 책을 어떻게 만드는지 지켜볼 수 있었어요.

당시엔 어린아이들을 위한 그림책은 없었고, 그런 것은 이후로도 100여 년 동안은 나타나지 않았어요. 그래서 난 아장아장 걷기 시작할 무렵부터 그림책 대신 지도를 보며 놀았어요. 물론 지도는 아버지의 일터에서 방금 인쇄된 것들이었어요. 말리려고 널어놓은 지도를 보며, 언젠가 지도 속 미지의 나라로 떠나보고 싶다는 꿈을 꾸게 되었지요.

아버지는 내가 세 살 때 돌아가셨어요. 당시 여성들은 직업이 없었기 때문에 결혼하지 않으면 생계를 유지하기가 어려웠어요. 평생 일하지 않아도 될 정도로 부자인 여성들은 영국 여왕이나 유산을 많이 물려받은 귀족밖에는 없었어요. 여왕도 아니고 귀족도 아니었던 엄마는 아버지가 돌아가시자 먹고살 길이 막막해졌어요. 어린 나를 키우려면, 다른 부잣집에 하녀로 들어가거나 재혼을 해야 했어요. 마침 야콥 마렐이란 사람이 엄마에게 청혼했고, 엄마는 이를 받아들였어요. 새아버지 야콥 마렐은 꽃을 그리는 유명한 화가였어요.

재혼한 뒤 엄마는 새아버지의 전처가 남긴 자식들까지 뒷바라지하는 고된 생활을 감당해야 했어요. 그나마 엄마가 힘든 삶을 견딜 수 있었던 가장 큰 이유는 새아버지가 의붓딸인 나를 아주 예뻐했기 때문이라고 해요. 새아버지는 내 재주를 한눈에 알아보고, 그림 그리는 법을 직접 가르쳐주셨어요. 당대의 가장 뛰어난 정물화가였던 분에게 조기교육을 받았던 셈이지요.

새아버지는 살아 있는 꽃을 그릴 때 나비나 벌이 날아와 앉은 모습을 함께 그리라고 하셨어요. 그러면 꽃이 훨씬 생동감 있게 보이기 때문이에요. 그리고 이런 그림을 그리기 위해 곤충을 채집해서 기르는 법도 알려주셨어요. 이처럼 어린 시절부터 곤충은 내 멋진 그림을 도와줄 친구였어요. 사람들은 꿈틀거리는 애벌레를 보면 징그럽다고 도망갔지만, 내 눈엔 아름다운 나비가 되기 전에 좀 못생긴 어린 시절을 보내고 있는 작고 귀여운 꼬마 친구일 뿐이었어요.

난 곤충을 아주 좋아했어요. 나이는 어려도 곤충을 스스럼없이 만지고 잘 키웠기 때문에 새아버지의 조수로서 한 몫을 톡톡히 해 냈지요. 엄마는 그런 나를 보고, "널 임신했을 때 곤충을 모으러 다녔더니, 네가 겁이 없구나"라고 하셨어요.

새아버지는 내가 그림을 잘 그린다고, 늘 칭찬을 아끼지 않았어요. 열세 살이 되었을 무렵 어느 날이었어요. 내 그림을 물끄러미 보시더니, 이렇게 말씀하셨지요.

"마리아, 넌 나중에 훌륭한 화가가 될 거야."

새아버지의 칭찬은 내게 큰 힘이 되었어요. 더욱 그림을 잘 그리고 싶어졌고, 집에서 누에를 키워야겠다는 생각이 들었어요. 누에의 성장과정을 가까이에서 관찰하면, 그 누구도 그리지 못한 멋진 장면을 화폭에 담을 수 있을 것 같았거든요. 사실 곤충을 관찰하는 일은 그림을 그리는 것만큼이나 내겐 즐거운 일이었어요. 하지만 엄마는 이런 나를 보고 마녀로 몰릴까봐 걱정하셨지요.

당시 내가 살던 독일에선 2만 명이 넘는 여성들이 마녀로 몰려 처형당했어요. 마녀로 몰리는 여성들은 대부분 외딴 곳에 홀로 살거나 보통 사람들과 좀 다른 행동을 했어요. 예를 들어 동물에게 말을 걸거나 밤에 들판을 걸어다니거나 곤충을 모아둔다거나 했지요. 지금 생각하면 그럴 수도 있는 일이지만, 당시엔 그런 여성들이 아주 드물었기 때문에 악마의 사주를 받은 사람들이라고 생각되었지요.

심지어 어떤 여성들은 너무 똑똑하다는 이유로 악마로 몰렸어요. 똑똑한 남성들은 머리가 좋거나 공부를 열심히 했다고 칭찬받았지만, 여성이 똑똑하면 악마에게 힘을 빌어 그렇게 된 것이라 믿던 시절이었어요. 성직자들은 이런 여성들을 마녀로 몰아 공개 처형하는 데 앞장섰어요. 그런데 성직자들의 이런 행동 뒤에는 아주 이기적인 이유가 숨어 있었어요. 마녀 처형을 목격한 사람들이 겁을 집어먹고 성직자들에게 더욱 복종할 것이라 생각했기 때문이에요.

나도 마녀로 몰릴까봐 두렵기는 했어요. 하지만 그런 어처구니 없는 생각 때문에 내가 하고 싶은 일을 포기할 순 없었어요. 어렸을 때 돌아가신 아버지가 지도 책을 펴내 유명한 지리학자이자 출판업자가 되었듯이, 나도 내가 그린 그림을 책으로 펴내 자연과학자로서 당당히 인정받고 싶었어요.

내가 살았던 17세기에는 사진 찍는 기술이 없었어요. 사진은 내가 죽고 나서 200년 정도 흐른 뒤에야 발명되었으니까요. 자연을 관찰하는 학자들이 자신이 본 것을 책이나 논문을 통해 다른 사람들에게 전달하려면 직접 스케치를 해야 했어요. 그런 점에서 난 곤충이나 다른 생물을 연구하는 데 아주 유리했어요.

내가 결정적으로 생물을 관찰하는 데 마음을 빼앗기게 된 것은 번데기에서 나비로 탈바꿈(변태)하는 것을 지켜본 다음부터예요. 나비가 탈바꿈하려고 할 때엔 우선 자신을 감싼 번데기를 야금야금 갉아먹기 시작해요. 사람들은 가끔 나무에 매달린 번데기를 보면서 대추야자 씨앗으로 오해하기도 하지요. 먹다 버린 씨앗처럼 작고 메마른 알맹이 속에 그처럼 화려한 날개를 가진 생명체가 숨어 있었다니… 정말 자연의 세계처럼 신기한 것도 없다는 생각이 들었어요. 나는 평생 그런 자연의 모습을 쫓아다니며 연구하고 관찰하고 싶어졌어요. 그리고 그것을 그림으로 남기겠다고 마음먹었지요.

그런데 그 시절 평민 여자아이들은 학교에 갈 수 없었어요. 공부할 시간에 집안일을 하는 것은 기본이었고, 재능이 있든 없든 아버지가 하는 일을 배워 가사에 보탬이 되어야 했어요. 열심히 일했을 경우, 아들이라면 아버지와 동등한 자격을 주었지만 딸은 달랐어요. 재주가 아무리 뛰어나다 해도 그냥 한 남자의 딸이었다가 나이를 먹으면 다른 한 남자의 아내가 될 뿐이었어요. 아버지나 의붓오빠처럼 자신만의 일터나 화실을 가진다는 것은 상상도 할 수 없었지요.

끈질긴 관찰로
얻어낸 자연 지식
:

1965년 나는 새아버지의 제자인 요한 안드레아스와 결혼했어요. 그는 화가이자 출판업자였기 때문에 내 꿈을 이루는 데 도움이 될 거라 생각했지요. 남편 역시 내가 그림을 잘 그리니까 출판업자인 자신에게 좋은 동반자가 될 거라 믿었어요. 1670년 우리는 뉘른베르크로 이사 가서 인쇄소와 출판사를 세웠어요.

난 화가이기도 했지만 과학자였어요. 내 뒤에 태어날 린네, 다윈, 파브르보다 먼저 종교적인 편견을 버리고, 생명체를 객관적으로 바라볼 줄 알았지요. 당시 사람들은 농작물을 갉아먹는 애벌레 뿐만 아니라 벼룩 같은 곤충은 악마가 보낸 전령이라 믿으며 싫어했지만, 나는 털을 세우고 꿈틀거리는 애벌레도 그냥 사랑스럽고 신비로운 생명체들 중 하나로 보았어요.

또, 당시 사람들은 마른 나뭇잎이 변해서 된 것이 나방, 그리고 날씨가 따뜻해지면 하늘에서 뚝 떨어지는 '여름새'가 나비라고 믿었어요. 심지어 죄지은 영혼은 파리로 부활하고, 죄를 짓지 않은 영혼은 나비로 부활한다고 믿는 사람들도 많았어요. 하지만 난 그런 생각이 틀렸다는 것을 어렸을 때부터 깨우치고 있었어요. 직접 누에를 키우면서 알은 애벌레로, 애벌레는 번데기로, 번데기는 나방이나 나비로 변하는 것을 수없이 보았기 때문이에요. 번데기에서 나방이 나오는 모습을 보려고 밤을 꼬박 샌 날도 많았지요.

1675년에 나는 자연을 관찰한 지식을 세밀하게 담아낸 그림들을 모아 첫 번째 책을 펴냈어요. 그리고 1679년엔 그동안 곤충에 대해 관찰하고 연구한 것을 모아 두 번째 책『애벌레의 경이로운 변태와 꽃에서 양분을 얻는 과정』을 펴냈어요. 이 책은 많은 사람들을 놀라게 했어. 그때까지도 대부분 사람들은 애벌레란 음식물 쓰레기 속에서 저절로 생겨난 것이고, 아름다운 나비와는 전혀 상관없다고 믿었기 때문이에요. 그들은 내 책을 보고서야 번데기가 나비로 변하는 변태 과정을 이해하게 되었어요.

나는 자연과학자들에게까지 널리 인정받으려면 라틴어로 책을

『애벌레의 경이로운 변태와 꽃에서 양분을 얻는 과정』표지(좌), 애벌레를 그린 그림(우)

써야 한다는 것을 알게 되었어요. 당시 유럽의 모든 학문은 라틴어를 기본으로 하고 있었어요. 나보다 50년 정도 뒤에 태어난 린네도 생물의 학명을 지을 때에는 전부 라틴어로 지었을 정도예요.

내가 라틴어로 책을 쓰기 위해 공부할 계획을 세우자, 남편은 달가워하지 않았어요. 그는 내가 자신의 출판 사업을 부지런히 돕고, 집안일도 열심히 하기를 원했어요. 하지만, 난 그림을 그리거나 곤충을 관찰하는 데 더 관심이 많았어요. 게다가 머릿속은 다음에 쓰게 될 책에 대한 생각으로 가득 차 있었지요. 그런데 당장 돈벌이도 되지 않는 라틴어 공부를 하겠다니까 남편의 불만은 점점 커져갔어요.

1681년 새아버지가 돌아가시자 난 남편을 떠나 어머니가 홀로 살고 있는 프랑크푸르트로 돌아갔어요. 그리고 몇 년 후 어머니를 모시고 두 딸과 함께 네덜란드로 갔어요. 라바디스트란 종교 공동체에 들어가 생활하기 위해서였어요. 이때쯤 남편과 난 불행한 결혼 생활을 끝낸 상태나 마찬가지였어요.

라바디스트에선 이곳 사람들이 만든 검소한 옷을 입고, 매일 농사를 짓거나 비누를 만드는 등 정해진 노동을 해야 했어요. 그리고 남은 시간엔 도서관에 가서 라틴어 공부를 하고 곤충이나 그외 동식물에 대한 공부를 했지요. 그림을 마음대로 그릴 수는 없었지만, 세속적인 생활에서 완전히 물러나 온전히 공부에만 몰두했던 소중한 시간이었어요.

마침 라바디스트는 남아메리카의 수리남에 있는 한 귀족으로부터 후원을 받고 있었어요. 덕분에 이곳에선 수리남에서 보내온 곤충 표본을 자주 볼 수 있었어요. 난 그것을 보면서, 언젠가 미지의 땅, 수리남으로 건너가 미지의 생물들을 연구해보겠다고 결심했어요. 5년 정도 지나 라바디스트가 재정난으로 해체되자 당시 유럽 무역의 중심지인 동인도 회사를 찾아갔어요.

이 회사는 탐험가들을 지원해주기로 유명했어요. 수리남으로 곤충을 관찰하러 떠나겠다는 나의 계획을 동인도 회사에 이야기하고, 도움을 받으려고 했어요. 하지만 동인도 회사는 내가 여성인데다가 나이가 많다는 이유로 번번이 거절했어요. 그때 난 쉰두 살이었는데, 당시는 예순 살까지도 살기 어려운 시절이었어요.

하지만 난 포기하지 않았어요. 화가이자 교사로 일하면서 몇 번이나 다시 동인도회사를 찾아갔어요. 결국 나중에 지원금을 모두 갚겠다는 조건으로 승낙을 받아, 둘째 딸만 데리고 수리남으로 떠나는 배에 오르게 되었어요.

아주 작은 생물도 아끼고
사랑한 생물분류학의 선구자
:

수리남에 도착한 우리 모녀는 매일 새벽 원주민 몇 명만 데리고 밀림으로 가서 곤충을 채집해 표본을 만들었고, 그들이 다른 생물들과 어울려 살아가는 모습을 그렸어요. 또, 곤충의 생태와 변태를 관찰하기 위해 집에서 직접 키우기도 했어요. 그러면서 나비, 매미, 꽃무지, 노린재, 거미, 메뚜기, 개구리, 뱀, 악어 등 열대의 수많은 동식물을 관찰하며 그림으로 남겼지요.

당시 수리남에선 힘 있는 백인들이 원주민과 흑인 노예들을 함부로 대하고 있었어요. 하지만 난 채집을 도와주는 원주민들에게 정중하게 대했고, 나중에 이들 중 한 사람은 암스테르담까지 나를 따라왔어요. 물론 내가 그곳에 머무는 동안에도 수리남의 원주민들은 정말 큰 도움을 주었어요. 진기한 곤충과 파충류를 볼 수 있는 곳으로 안내했고, 먹으면 바로 저세상 사람이 되는 치명적인 식물이나 상처를 치료하는 데 쓸 수 있는 식물도 알려주었어요. 이들 덕분에 올챙이가 개구리로 변하는 과정을 관찰해 그릴 수도 있었지요. 마치 처음 나비의 변태과정을 보았을 때만큼이나 감동적인 순간이었어요.

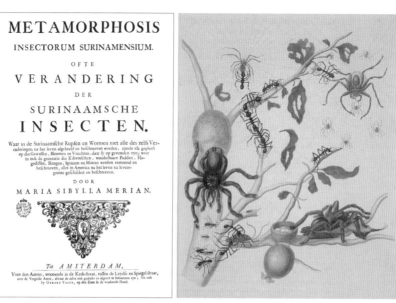

『수리남 곤충의 변태』표지(좌), 새를 공격하는 타란툴라 그림(우)

　난 아주 작은 생물도 아끼고 사랑했기 때문에 독벌레도 서슴없이 만지며 많은 생물들을 관찰했어요. 언제나 거리낌없이 다가갔기 때문에 다른 사람들은 미처 보지 못한 것들을 발견해 그림으로 남길 수 있었어요. 원래는 5년 정도 수리남에 머물며 좀더 많은 작품을 완성하고 싶었지만, 말라리아에 걸려 몸이 약해지는 바람에, 2년 후 예정보다 빨리 귀국해야 했어요. 이후 3년에 걸쳐 수리남에서 가져온 자료를 정리해 60여 장의 동판화가 실린 『수리남 곤충의 변태』란 책을 펴냈어요. 이 책에는 제비알을 훔치려는 보아뱀이나 애벌레의 뱃속을 세밀하게 그린 그림 등 다양한 자연의 모습이 담겨 있지요. 특히 새를 공격하는 타란툴라 그림은 생동감이 넘쳐 사람들의 폭발적인 관심과 인기를 끌었어요. 섬세한 묘사와 강렬한 색상이 두드러지는 그림이 아름답기도 했지만, 서식지와 먹이로 연결되는 생태계의 모습이나 성장과정이 정확히 기록된 자료로서도 높이 평가받았어요. 러시아의 표트르 대제까지 나의 작품을 구해오게 할 정도였다고 해요. 게다가 내가 발견한 곤충, 식물, 파충류나 양서류 들은 당시 유럽 사람들에게 전혀 알려지지 않은 것들이었어요. 내 책을 보고 많은 자연과학자들이 자극을 받아 남미로 관찰 탐험을 떠나기 시작했지요.

1717년 예순아홉 살 나이로 죽은 뒤, 18세기와 19세기를 지나면서 마리아 메리안이란 내 이름은 사람들로부터 잊혀져갔어요. 귀족계급이 쇠퇴하고, 신흥부르주아 계급이 떠오르던 이 시기에 시민들은 자유와 평등을 부르짖었지만, 여성에 대한 억압은 오히려 더 심해지고 있었어요. 산업혁명을 주도한 시민계급이 귀족계급의 기득권을 빼앗아오기 위해 남성인 가장들을 중심으로 똘똘 뭉쳐야 했거든요. 여성은 언제나 남성 아래에서 있는 듯 없는 듯 순종하며 지내야 했기에 교육을 받거나 전문직업을 갖는 것은 철저하게 금지당했어요. 역사가들이나 과학자들은 모두 남성이었고, 과학과 예술의 영역을 넘나들며 활동하던 마리아 메리안이란 여성을 아무도 기억하려 하지 않았어요. 이 시기에 대해 마리아 메리안 협회 회장인 케이 에더리지 교수는 "빅토리아인들은 여성들을 상자에 넣기 시작했고, 아직도 여성들은 그 상자에서 기어 나오려고 애쓰고 있다."라고 말했어요.

심지어 화가이자 과학자였던 나를 정식교육을 받지 못한 여성이라는 이유로 비난하는 사람들까지 있었지요. 그들은 내 관찰기록이 거짓이라 주장했고, 남편이 한 일을 자신이 한 것처럼 꾸민 것이라고 했어요. 간혹 내가 동물을 관찰하고 기록한 내용을 상상력으로 지어낸 것이라고 모함하는 사람들도 있었어요. 예를 들어 나방의 혀는 처음엔 두 갈래였다가 나중에 하나로 합쳐져 꿀을 빨기에 좋은 빨대 모양이 돼요. 하지만 몇몇 과학자들은 나방의 혀는 처음부터 하나라고 주장하며, 내 그림이 전혀 과학적이지 않다고 주장했지요. 하지만 나중에 번데기에서 막 성충이 된 나방의 혀는 처음엔 두 갈래로 갈라져 있다가 하나로 합쳐져 빨대 모양이 된다는 것이 밝혀졌어요.

다행히 현대의 역사가들이나 생물학자들은 내가 평생을 바쳐 쌓아올린 업적과 명예를 회복시켜주고 있어요. 그들은 이명법 창시자인 린네가 내 관찰 기록을 300번이나 자신의 책에 인용했고, 린네학파 사람들이 내가 확인한 최소 100여 종의 생물종을 참고했다는 사실도 밝혀냈어요. 덕분에 '마리아 메리안의 업적이 생물분류학의 기초를 닦았다'는 새로운 평가와 함께 나는 '최초의 생태학자'로 불리게 되었어요. 내가 관찰하고 정리한 자료들이 곤충과 식물의 분류체계를 확립하는 데 큰 도움이 되었다니 정말 기쁜 일이에요.

뿐만 아니라, 에더리지 교수를 중심으로 '마리아 매리언 협회'가 창립되었고, 독일 정부는 내 얼굴을 넣은 500마르크 지폐를 발행하고, 나를 기념하는 우표도 만들었어요.

지금까지 두 딸의 엄마이자 가난한 이혼녀였던 내가 쉰두 살에 수리남의 정글로 용기있게 뛰어들어 화가이자 곤충학자로 성장한 이야기를 해보았어요. 여러분도 간절히 이루 싶은 소망이 있다면, 나처럼 해보길 바라요. 다른 사람들의 비웃음이나 거절, 걱정 같은 것은 훌훌 털어버리고 끈질기게 도전해보는 거예요.

I2

Mary Kingsley(1862~1900)

·

아프리카의 종교와
문화를 연구한 탐험가
매리 킹슬리의 편지

집토끼가 진화가 덜된 산토끼가 아닌 것처럼,
흑인도 진화가 덜된 백인이 아니다.
— 매리 킹슬리

오랫동안 병간호를 했던 부모님이 돌아가시고, 난 큰 슬픔에 빠졌어요. 내 나이 서른 살이었는데, 그때까지 학교에 다녀본 적도, 집밖을 벗어나 멀리 나가본 적도 없었어요. 아픈 엄마 대신 어릴 때부터 집안일을 하느라 늘 바빴거든요. 다행인 점은 부모님은 내게 약간의 유산을 남겨주셨어요. 난 그 유산을 가지고 서아프리카로 떠났어요. 학교에 가지 않은 대신 아버지의 서재에서 탐험기를 읽으며 늘 꿈꾸던 곳으로 간 거예요.

당시 영국 사람들은 서아프리카에 대해 전혀 몰랐어요. 식인종들이 선교사를 잡아먹는 미개한 땅으로 여기며, 그곳에 가면 살아 돌아오기 어렵다고 생각했지요. 하지만 난 서아프리카에서 죽는다 해도 별로 두려울 것도 아쉬울 것도 없었어요. 서른 살까지 집안에서만 지낸 가난한 내가 런던에 있어봤자 죽은 부모님 생각만 하며 외톨이로 살아가겠지요. 그렇게 사느니, 식인종에게 잡아먹히더라도 그토록 가고 싶었던 서아프리카 땅을 밟아보고 싶었어요.

결론부터 말하자면, 서아프리카에서 난 새롭게 태어났어요. 어디서나 맹수와 악어가 득시글거리고, 심지어 식인종도 있었지만, 난 그곳에서 처음으로 이웃이나 친구가 보여주는 따뜻한 마음을 만나게 되었어요. 그곳은 정치적인 망명자나 범죄자를 가두는 감옥도 없었고, 돈이 없어 굶어죽는 극빈자도 없었어요. 어떤 면에선, 런던보다 훨씬 살기 좋았지요. 서아프리카 사람들이 아주 오랜 역사를 살아오면서 평화로운 사회 체제를 유지한 비결은 그들 나름의 지혜와 문화가 있기 때문이었어요.

난 서아프리카에 대한 유럽 사람들의 편견을 없애기 위해 남은 인생을 바치기로 했어요. 그래서 원주민들의 도움을 받으며 서아프리카 탐험에 나섰고, 유럽의 선교사나 무역상들이 한 번도 가보지 못한 곳까지 찾아다녔어요. 원주민들이 나에 대해 늘 놀라워했던 두 가지는, 빅토리아풍 검은 드레스를 차림으로, 남편 없이 혼자 다닌다는 사실이었지요.

몇 년 후 영국으로 돌아와 탐험기를 펴내자, 런던 사람들은 폭발적인 반응을 보였어요. 특히 인류학, 동물학, 지리학을 공부하는 학자들은 내 탐험기에 담긴 새로운 지식에 열광했어요.

자, 그럼 지금부터 학교 문턱도 넘어보지 못한 내가 어떻게 이런 일을 해낼 수 있었는지에 좀더 자세히 들려줄게요.

여자는 집안일을
잘하면 최고
：

난 1862년 영국 런던에서 태어났어요. 의사인 아버지는 탐험에 마음을 빼앗겨 집에 거의 들어오지 않았어요. 엄마는 몸이 약해 침대에 누워 지냈지요. 형제는 남동생이 한 명 있었어요.

· 3부. 남성보다 무한히 많은 장애물에 당당히 맞서다 ·

당시 대부분 여자아이들처럼 나도 학교에 다니지 않았어요. 아픈 엄마 대신 남동생을 돌보며 집안일을 해야 했어요. 우리 집엔 나 말고는 일할 사람이 아무도 없었어요. 난 가정부이자, 집안 수리공이자, 간호사이자, 유모였지요. 엄마는 몸도 약했지만 마음에도 병이 들었어요. 이웃과 교류하는 것을 싫어했고, 창문에 벽돌을 쌓거나 덧문을 달아 밖에서 보이지 않도록 꽁꽁 막았어요. 햇빛이 들지 않아 어둡고 우울한 집안에서 난 허드렛일을 하며 아픈 어머니와 동생을 돌보아야 했어요.

아버지는 긴 탐험 여행을 하러 자주 떠났고, 집에도 거의 들어오지 않았어요. 하지만 그런 중에도 아들인 남동생은 좋은 학교에 보내야 한다고 주장하셨지요. 동생의 비싼 학비를 위해 엄마의 약값이나 생활비는 최대한 아껴야 했어요. 그 시절 중산층 가정엔 한두 명씩 하녀가 있었지만, 우리집은 그럴 형편이 못 됐어요. 결국 내가 학교에 가지 않고 집안일이나 병간호를 도맡아야 했어요. 아버지는 집안일 때문에 정신없이 바쁜 내 모습을 보고 좋아하셨어요. 여자는 공부할 필요가 없고, 허드렛일을 잘하고 부지런한 게 최고라고 생각하셨거든요.

남동생에게 쓰는 학비를 조금만 줄였더라면 나도 학교 교육을 받을 수 있었을 텐데 말이에요. 내가 만일 학교에 다니게 된다면 과학이나 수학을 제대로 배워보고 싶었어요. 특히 동물과 자연에 관심이 많았어요. 아버지 서재에서 그와 관련된 책은 모조리 찾아 읽었지요. 내가 좋아했던 책 중에는 아버지가 자신의 탐험에 대해 쓴 여행기도 있었어요. 늘 집안에 갇혀 지내던 나였지만, 여행기를 읽을 때만큼은 자유로워지는 기분이 들었어요.

　가끔 좋은 학교에 다니며 집안일은 전혀 하지 않는 남동생을 보면, 똑같은 자식인데 나는 왜 하고 싶은 공부를 못 하게 하는지 의문이었어요. 딸은 공부시켜봤자 직업도 가질 수 없으니 내게 학비를 쓰는 것은 낭비라고 생각했던 것 같아요. 아버지는 돌아가시기 전 몇 년 동안 집안에 누워계시며 내 병간호를 받았어요. 그토록 귀하게 키웠던 남동생은 아픈 부모님을 전혀 돌보지 않았어요. 산더미 같은 집안일, 어머니와 아버지 병간호… 서른 살까지 내 인생은 정말 암흑이었어요.

여행기를 읽으며 키운
미지의 땅에 대한 호기심
：

　부모님이 돌아가시고, 자기밖에 모르는 이기적인 남동생이 중국으로 떠난 뒤에야 가족을 돌보는 착한 딸의 의무에서 벗어났어요. 서른 살에 처음으로 집을 떠나 세상으로 나아갈 수 있게 되었지요. 딸을 고생만 시킨 부모님이 돌아가셔서 기쁘겠다는 사람들도 있었어요. 하지만 그래도 나를 낳아준 부모님이잖아요. 사실 서른 살이 될 때까지 난 친구도 없이 집안에서만 지냈기 때문에, 그나마 이야기 나누며 의지할 수 있었던 유일한 사람이 어머니와 아버지였어요. 그래서 아프리카에서 탐험 여행을 할 때엔 두 분의 죽음을 애도하는 의미에서 늘 검정색 드레스만 입었어요.

아버지는 훌륭한 탐험가이자 작가였어요. 어린 시절부터 아버지가 남태평양 섬들을 다녀와 쓴 여행기를 읽고 또 읽으며, 언젠가 나도 아버지처럼 되겠다는 꿈을 키웠어요.

드디어 꿈을 이루기 위해 서아프리카로 떠나려 할 때 주위 사람들은 모두 말리고 나섰어요. 당시 서아프리카는 아프리카 사람들에게조차 잘 알려지지 않은 지역이었어요. 의사들은 이곳을 '지구상에서 가장 치명적인 곳'이라 불렀지요. 하지만 난 한치도 망설이지 않고, 피크닉을 가듯 가벼운 차림으로 텐트도 없이 탐험을 떠났어요. 목까지 높게 올라오는 검정색 긴 소매 블라우스에 풍성하고 두꺼운 치마를 받쳐입었어요. 전형적인 빅토리아풍 드레스 패션이었지요. 햇빛이 강할 때엔 양산을 받쳐들고 현지인들의 안내를 받으며 밀림을 헤쳐나갔고, 바위를 타거나 산을 오르기도 했어요. 그러는 사이에 현지인의 집에서 먹고 현지인의 집에서 잠도 잤어요.

내가 서아프리카로 간 가장 큰 목적은 아프리카 지역의 종교를 연구하고 동식물을 관찰하기 위해서였어요. 그동안 아버지 서재에서 홀로 공부한 것을 바탕으로 민속학자이자 과학자로서 활동하고 싶었지요. 무엇보다 난 그 지역에 인육을 먹는 식인종이 살고 있다는 사실에 큰 흥미를 느꼈어요. 정말 그런 사람들이 있는지, 있다면 과연 그들은 어떤 모습으로 살고 있는지 직접 확인하고 싶었어요.

첫 번째 탐험에선 서아프리카 해안가를, 두 번째 탐험에선 내륙 지방을 찾아갔어요. 4,000미터 높이의 카메룬 산도 올랐고, 강을

1895년 배를 타고 서아프리카를 탐험중인 매리 킹슬리

건널 때엔 주로 카누를 탔어요. 홀로 카누를 타고 늪을 건너다 2미터가 넘는 악어와 맞닥뜨리기도 했어요. 악어는 내게 다가오려고 카누의 한쪽 끝에 발을 턱 올렸어요. 나는 침착하게 들고 있던 노로 악어의 콧등을 세게 내리쳤어요. 악어의 최대 약점이 코라는 것을 알고 있었거든요. 하마가 달려들 때엔 우산으로 눈을 찔러 공격을 피하거나, 수풀 속에서 갑자기 나타난 고릴라를 가까스로 달랜 적도 있었지요.

아프리카 사람들과 함께 지내며 그들의 문화를 관찰해보니, 유럽인들은 그들에 대해 큰 편견을 가지고 있다는 것을 알게 됐어요. 물론 나도 대부분 유럽 사람들처럼 아프리카 사람들은 야만인이라고 생각하고 있었지요. 아프리카를 다녀온 선교사나 무역상들이 그렇게 가르쳐주었거든요. 하지만 내가 만난 서아프리가 사람들은 아주 친절했고, 아무도 날 해코지하지 않았어요. 탐험에 필요한 정보를 가르쳐주기고 했고, 내가 도움을 청하면 친절하게 안내했지요. 상처를 치료하거나 위험한 동물로부터 살아남는 법도 가르쳐주었어요.

내가 이처럼 아프리카 사람들과 잘 지낼 수 있었던 비결은 인간 관계의 기본을 지켰기 때문이에요. 그들을 존중한 만큼 그들도 나를 존중해주었지요. 대부분 서양 선교사들은 무조건 아프리카 사람들을 야만인 취급하며 그들의 풍습을 없애려 했어요. 하지만, 그들의 풍습은 사회 질서를 유지하기 위한 중요한 수단으로 오랜 시간에 걸쳐 자리잡아온 것이지요. 아프리카 사람들은 유럽 사람들과는 다른 방식으로 복잡한 사회 체제를 질서있게 유지하며 살아온 지혜를 가지고 있었어요. 그런데 선교사들은 이런 면을 조금도 인정하지 않았어요. 무조건 그들의 풍습을 나쁜 것으로 몰며, 근본적인 사회질서를 무너뜨리려는 오만한 태도로 기독교를 전하려 했지요. 아프리카 사람들은 이런 갑작스러운 침략으로부터 스스로를 지키기 위해 선교사들을 공격하게 된 거예요. 나는 이런 이야기를 책으로 써냈어요. 그동안 서아프리카에는 식인종이나 야만인만 산다고 믿었던 유럽 사람들은 이 책을 읽고 생각을 크게 바꾸었어요.

끝내 벗어던지지 못한
성 차별의 굴레
:

내가 살았던 빅토리아 시대엔 여성들이 과학이나 학문 활동에

매리 킹슬리가 쓴 『서아프리카 여행기』

참여할 수 없었어요. 마치 아프리카인을 무조건 원시적 야만인으로 취급하듯이, 여성들은 학문을 하기엔 너무 미련한 존재로 취급받았지요. 하지만 내가 아프리카에서 모아온 방대한 자료를 바탕으로 두 권의 책을 쓰자, 여성도 지리, 과학, 인류학 연구에서 뛰어날 수 있다는 게 증명되었어요. 당시 유럽에서 그 누구도 나만큼 서아프리카 지역에 대한 지식을 가진 사람은 없었어요. 난 아프리카에서 많은 생물 자료를 채집했고, 아직 학명이 없는 물고기, 뱀, 곤충들을 최초로 발견해 표본을 만들었어요. 그리고 이 표본들을 다른 학자들이 더 깊이 연구할 수 있도록 대영 자연사 박물관에 기증했어요. 또, 이에 대해 글을 쓰거나 강연도 해서 과학작가로 불리기도 했지요.

그런데 내가 했던 지리학이나 과학 연구는 당시 여성들에겐 허락되지 않았던 것이었어요. 많은 남성 학자들은 결혼도 하지 않고 혼자 살면서 탐험하고 책만 쓰는 나를 '이상한 여자'로 보았어요. 나는 지리학회나 과학학회 회원들인 남성 학자들로부터 배척당할까봐 두려웠어요. 그들에게 잘 보여 학회의 정식 회원으로 활동하고 싶었거든요. 표나 지도를 넣은 과학책이나 지리학책을 쓸 만큼 풍부한 자료를 가지고 있었지만, 굳이 그런 책을 내서 남성학자들의 공격을 받고 싶지 않았어요. 그들은 뛰어난 연구 업적을 가진 나를 끝내 지리학회나 과학학회의 회원으로 받아들이지 않았지만, 제대로 항의조차 하지 못했어요. 남성들과 시끄러운 싸움을 벌여 책과 강연으로 어렵게 쌓은 명성을 무너뜨리고 싶지 않았기 때문이에요.

난 애써 페미니즘을 멀리했고, 일부 언론으로부터 '새로운 여성(New Woman)'이라 불리는 것도 거부했어요. '새로운 여성'이 아니라 빅토리아 시대의 평범한 여성으로 살아야 한다는 생각에서 벗어나질 못했던 것 같아요. 서른 살이 될 때까지 집안에서 허드렛일만 하고 살았기 때문에 갑자기 찾아온 신분 변화를 그대로 받아들이기가 어려웠거든요. 내 깊은 무의식 속에는 '여성이 사회적으로 튀는 행동을 하는 것은 잘못이다. 집안일이나 해야 한다'라고 가르치는 부모님이 여전히 살아 있었어요. 정글에서 악어나 하마도 물리친 나였지만, 어린 시절부터 당한 성 차별의 굴레를 제대로 벗어던질 만큼 강하진 못했어요.

1899년 아프리카 금광 개발 문제를 둘러싸고, 영국과 네덜란드 사이에 전쟁이 벌어졌어요. 바로 보어 전쟁이에요. 난 아프리카로 건너가 이 전쟁에서 부상당한 군인들을 간호하는 일에 지원했어요. 불결한 위생 때문에 병사들 사이에 장티푸스가 번졌고, 이들을 간호하던 나도 결국 이 병에 걸려 서른아홉 살 젊은 나이에 세상을 떠나고 말았지요.

서양의 문화적·경제적 제국주의가 성장하기 몇백 년도 전에 그 문제점을 날카롭게 비판하고, 동식물학과 지리학, 그리고 인류학 발전에도 크게 기여했다는 평가를 받고 있는 나, 매리 킹슬리. 그런데 죽음이 생각보다 너무 빨리 찾아왔어요. 탐험가로서 과학 작가로서 아직 하고 싶은 일이 더 많았는데 말이에요. 다른 사람을 돕고 보살피기 전에 나 자신의 꿈과 인생을 먼저 살펴보았더라면 하는 생각이 들어요.

13

·

Rachel Carson(1907~1964)

·

『침묵의 봄』을 쓴
생물학자이자 환경운동가
레이첼 카슨의 편지

우리가 이겨야 할 대상은
자연이 아니라 우리들 자신이다.
— 레이첼 카슨

내가 평생을 바쳐 싸웠던 단어는 '박멸'이에요. 나에 대해 잘 알 거나 내 책 『침묵의 봄(Silent Spring)』을 읽은 사람들이라면 '어? DDT 아니었어?' '어? 살충제 아니었어?'라고 의아해할지도 몰라요. 하지만 내가 DDT나 살충제보다 싫어했던 것은 '박멸'을 부르 짖으며 지구상에서 어떤 한 종의 동물이나 식물을 뿌리 뽑으려 하 는 거예요.

사라지는 동식물이 많아질수록 우리가 사는 생태계는 조금씩 무너져가요. 환경과 관련해 유명한 이야기 가운데 하나가 이스터 섬과 관련된 거예요. 한때 '모아이'라는 거대한 석상을 세울 정도로 번성했던 이스터 섬 사람들은 나무를 함부로 베어쓰다가 섬을 나 무 한 그루 없는 황무지로 만들기도 했어요.

어쩌면 우리도 이스터 섬 사람들 같아요. 지구의 자원이 바닥날 때까지 마구 쓰고, 돈벌이가 되는 종은 멸종될 때까지 잡아들여요. 그리고 돈벌이에 해로운 종은 독성물질을 뿌려 없애려 하지요. 지 구 전체는 이스터 섬보다 훨씬 크니까 황무지가 되는 과정이 느리 게 보일뿐이에요. 무분별한 자원 개발과 화학약품의 공격으로부터 지구를 지켜내지 못하면, 결국 우리도 이스터 섬 사람처럼 될지도 몰라요.

내가 살았을 때엔 해충을 박멸한다고 뿌린 DDT가 심각한 문제였어요. 아무리 해로운 곤충이라도 그것이 사라졌을 때 흔들릴 생태계를 생각해야 해요. 그리고 한 종을 없애려 사용한 약품은 다른 많은 생명체도 위험하게 만들어요. 우리가 자연에 뿌린 유독물질은 먹이사슬을 타고 결국 우리 몸속으로 들어오고 말아요. 요즘 아이를 갖지 못하는 부부나, 뇌의 이상에서 오는 정신질환이 많이 생기는 것도 환경이 오염되어 그럴 가능성이 커요.

그런데 왜 우리는 지구상에서 오염물질을 없애지 못하는 것일까요? 내가 환경운동을 하면서 어떤 어려움을 겪었는지를 살펴보면 그 이유를 알 수 있을 거예요.

글을 쓰는 기쁨,
자연관찰의 즐거움
：

난 1907년 펜실베이니아 주의 드넓은 농장에서 태어났어요. 앨러게니 강 주변의 아름다운 자연환경 속에서 자랐지요. 오빠나 언니와 나이차가 많아 혼자 노는 시간이 많았고, 그때마다 숲속 탐험하기를 좋아했어요. 그러면서 세상의 모든 생명체들이 서로 연결되어 조화를 이루며 살아간다는 사실을 깨닫게 되었어요.

학교에 들어간 뒤엔 공부도 열심히 했고, 무엇보다 책 읽고 글쓰기를 좋아했어요. 여덟 살 때 처음으로 내가 관찰한 새에 대한 이야기를 써서 책을 만들어보았어요. 열한 살 때 쓴 용감한 파일럿에 대한 이야기는,《세인트니콜라스》란 어린이 잡지에 실렸지요. 그때부터 내가 쓴 글을 많은 사람들이 읽어주면 큰 기쁨이 된다는 사실도 알게 되었어요.

모두 가난하게 살던 힘든 시절이라, 딸을 대학에 보내기 위해 부모님은 많은 고생을 해야 했어요. 아버지는 전국을 돌아다니며 영업을 했고, 어머니는 평소보다 두 배나 많은 학생들에게 피아노를 가르치며, 집에서 키운 닭과 사과를 내다 팔았지요. 다행히 난 성적이 뛰어났기 때문에 장학금을 받으며 펜실베이니아 여자 대학(현 채텀 대학)에서 동물학을 공부했고, 존스홉킨스 대학 전액 장학생이 되어 동물학 석사학위를 받았어요. 원래는 교사가 되고 싶어 영문학을 전공하려 했지만, 필수 교양 과목으로 동물학 강의를 듣고 난 뒤부터 마음을 바꾸었어요. 동물학의 매력에 빠져 과학자의 길을 걷기로 결심했지요.

대학 시절 다른 친구들이 예쁜 옷을 차려입고 카네기 뮤직홀에서 열리는 콘서트에 갈 때면, 나는 혼자서 근처의 자연사 박물관을 찾아갔어요. 박제된 새를 연구하기 위해서요. 이런 나를 항상 자랑스럽게 여겼던 엄마는 거의 주말마다 딸을 만나기 위해 학교에 왔어요. 딸이 공부를 잘 하고 있는지 돌아보고 과제를 타이핑해주기 위해서였어요. 나 스스로도 공부벌레였지만, 딸의 과제까지 챙기는 엄한 엄마 때문에 남자친구를 사귄다는 것은 꿈도 꾸지 않았지요.

심각한 DDT의
오염
:

석사학위를 받은 뒤, 공부를 더 하고 싶었지만 가정 형편이 많이 어려웠어요. 스물여덟 살 때 아버지가 갑자기 돌아가신 뒤, 식구들을 먹여살려야 할 가장이 되었어요. 나이 든 어머니, 이혼하고 아픈 언니와 두 명의 조카를 모두 돌봐야 했어요. 나는 대학 선생님의 조언을 받아 과학 연구 공무원 시험에 응시했어요. 아주 우수한 성적으로 합격했지만, 당장 일자리가 주어지지는 않았어요. 하지만 포기하지 않고 문을 두드렸고, 마침내 어업국에서 연락이 왔어요.

어업국에서 내가 할 일 중에는 〈물 속의 로맨스〉란 라디오 방송의 대본을 쓰는 것도 있었어요. 이 방송은 일반인들에게 해양생물을 재미있게 소개해주는 프로그램이었지요. 어찌보면 매끄럽고 유려한 글솜씨 덕분에 어업국의 정규직 생물 연구원으로 자리를 잡은 셈이지요. 당시 어업국 직원 중 단 두 명이 여성이었는데, 그중한 명이 바로 나였어요.

라디오 방송 대본으로 주로 물고기에 대한 이야기를 썼는데, 좋은 반응을 얻었어요. 출판사에선 이 글들을 묶어 책으로 펴내고 싶어했고, 1941년에 첫번째 책『바닷바람을 맞으며(Under the Sea-Wind)』가 나왔지요. 그리고 이어서『우리를 둘러싼 바다(The Sea Around Us)』를 펴냈는데, 이 책은 1년 동안이나 베스트셀러에 오르는 기록을 세웠어요. 내가 생물 연구원으로 10년이 넘게 일하면

서 모은 수많은 자료와 아름다운 문장
이 좋은 평가를 받았지요. 특히 당시에
여성들은 거의 하지 않았던 현장 연구
를 앞장서서 도맡았던 이야기가 많은
사람들의 관심을 끌었어요.

『바닷바람을 맞으며』 표지

연구원 시절 나는 물살이 거칠어 앞이
잘 보이지 않는 바닷속으로 무거운 다이
빙복을 입고 뛰어들기를 주저하지 않았
어요. 이렇게 쌓은 생생한 경험을 해박한

지식과 아름다운 문장으로 엮어낸 책들은 큰 인기를 끌었고, 난 어
디를 가나 사람들이 알아보는 유명인사가 되었어요. 덕분에 직장을
그만두고 글만 쓰는 작가로 살아갈 수 있는 길이 열렸지요.

1945년 제2차 세계대전이 끝날 무렵, 나는 친구에게 편지 한 통
을 받고 충격을 받았어요. 자연보호구역에 어떤 약품을 비행기로
살포한 뒤 새들의 노랫소리가 들리지 않는다는 내용이었어요. 자
세히 알아보니 전쟁 때 말라리아로부터 군인들을 지키기 위해 살
포하기 시작한 살충제가 원인이었어요. DDT라 불리는 이 살충제
는 전쟁이 끝난 뒤에도 엄청난 인기를 끌었어요. 이 약을 뿌리면 병
균을 옮기는 곤충을 단번에 죽일 수 있었기 때문이에요. 사람, 가
축, 농작물의 생명을 지키는 '기적의 치료제'라고도 불렸지요. 아이
들을 수영장에 모아놓고 DDT 가루를 퍼붓기도 했고, 심지어 술에
섞어 칵테일을 만들어 마시는 사람도 있었어요.

하지만 나는 DDT 사용에 반대하는 입장이었어요. DDT가 말라리아를 막는 근본적인 대책이 되지 못하는 데다가, 해충에 내성이 생겨 점점 더 많이 뿌려야만 효과를 볼 수 있다는 사실에 주목했지요. DDT의 가장 심각한 문제점은 독성물질이 자연적으로 결코 분해되지 않는다는 거예요. DDT가 닿은 식물이나 벌레를 먹고 사는 작은 생물의 몸 속에 DDT는 분해되지 않은 채 그대로 쌓여요. 그리고 그런 생물을 먹고사는 인간의 몸속에도 DDT는 분해되지 않은 채 그대로 쌓이지요. DDT가 쌓일 때 농축되는 정도는 먹이사슬에서 위로 갈수록 진해지기 때문에 DDT를 점점 많이 뿌리게 될 때 결국 인간이 가장 큰 피해를 입게 될 거예요. 이렇게 몸에 쌓인 DDT는 암을 비롯한 간손상과 발작 등 심각한 문제를 일으키는 것으로 드러났어요.

나는 DDT의 오염이 더 이상 심각해지기 전에 이 독성물질이 어떻게 생태계를 파괴하는지를 세상에 알리고, 그런 세상에선 인간도 살아가기 어렵다는 것을 깨닫게 해주고 싶었어요. 그래서 DDT의 문제점을 알리는 『침묵의 봄』이란 책을 썼어요.

이 책에선 느릅나무 해충을 잡으려고 퍼부은 DDT가 먹이사슬을 따라 종달새와 벌의 몸 속으로 들어가 이들을 죽이는 과정을 보여주고 있어요. 이렇게 되면 결국 봄이 와도 종달새가 노래하지 않고 벌이 날아다니지 않는 침묵의 세상이 되고 말겠지요. 『침묵의 봄』은 큰 반향을 불러일으켰고, 환경운동의 불을 지폈어요. 케네디 대통령도 이 책을 읽고 DDT의 유해성을 조사하도록 지시했지요.

책 한 권이 온 나라를 발칵 뒤집어놓았다고 보면 돼요. 드디어 국회
에선 DDT금지 법안을 통과시키게 되었어요. 이렇게 되기까지 『침
묵의 봄』이 큰 역할을 해낸 것에 작가로서 더없이 기뻤어요.

『침묵의 봄』이 들려주고
싶은 이야기
:
인생엔 빛과 그림자가 있어요. 기쁜 일이 있으면, 슬픈 일도 있
는 법이지요. 『침묵의 봄』이 일으킨 변화로 기뻐할 무렵, 어머니와
언니, 심지어 함께 살던 조카까지 차례차례 세상을 떠나는 비극이
일어났어요. 조카가 남긴 아들을 돌보며 슬픔을 겨우 달래는 내게

1952년 대서양 해안가에서 동료와 조사중인 레이첼 카슨

· 13. 레이첼 카슨 ·

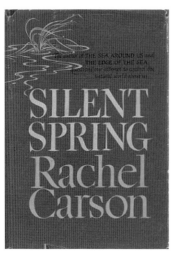
『침묵의 봄』 표지

더욱 큰 상심을 안겨준 것은 살충제나 비료를 만드는 거대 기업들의 공격이 었어요. 이들은 사람들을 선동해 나를 공산주의자로 몰아갔어요.

1950년대 미국에선 자신과 의견을 달리하는 사람이나 집단을 공산주의 자로 매도해 마녀사냥하려는 매카시 즘이 크게 유행했어요. 매카시즘은 미 국 국회의원 매카시가 '국무성 안에 200명이 넘는 공산주의자가 있다'는 발언으로 군중심리를 조작해 반대파를 추방하려 한 데서 시작된 말이에요. 기세등등하던 매카 시즘의 영향력이 아직 사라지지 않고 있을 때, 나를 공산주의자로 몰아간 것은 치사한 일이었지요. 그들은 어떻게든 독자들이 내게 등을 돌리고, 아무도『침묵의 봄』을 읽지 않도록 만들려고 했어요. 기업들이 나를 비난하는 운동에 퍼부은 돈만 해도 무려 25만 달러 에 이른다고 해요. 게다가 이 기업들의 광고를 실어주고 돈을 버는 언론사들도 가만 있지 않았어요. 광고주에게 잘 보이고 싶어 안달 이 난 신문들이 매일같이 나를 비난하는 기사를 실었어요.

학자들 중에도 나를 싫어하는 사람들은 많았어요.『침묵의 봄』 에 대해 박사학위도 없는 여자가 제대로 알지도 못하면서 쓴 책이 라고 비난을 퍼부었어요. 특히 생화학자인 로버트 화이트 스티븐 스는 나를 가리켜 '광신자'라고 조롱하며, "만약 정부가 레이첼 카슨의 조언을 따른다면, 지구에는 곤충과 질병과 해충이 창궐해 암흑시대로 돌아갈 것이다"라고 했어요. 또 어떤 사람들은 『침묵의 봄』은 동물을 좋아하는 감상적인 여자가 쓴 불평 모음집이라고 비웃었어요.

하지만 나는 전혀 흔들리지 않았어요. 몇 년에 걸쳐 꼼꼼한 연구를 거듭한 끝에 『침묵의 봄』을 썼기 때문이에요. 이 책은 참고문헌 부문만 무려 55페이지에 이를 정도로 철저한 조사를 거친 내 인생의 역작이에요. 그러니 터무니없는 비판을 하는 사람들 때문에 내 주장을 꺾거나 굽힐 필요가 없다고 생각했어요.

다행히도 『침묵의 봄』의 가치를 알아보는 사람들이 하나둘 늘어갔고, 그들은 내 편이 되어 환경을 보존하고 지구를 지키자는 운동을 벌이기 시작했어요.

마지막으로, 계속 지구에서 살아가게 될 후손들에게 하고 싶은 말이 있어요. 둑에 작은 구멍이 뚫린 것을 그냥 두면, 언젠가 예고도 없이 둑 전체가 무너지고 말아요. 이처럼 생태계 한 부분이 파괴되기 시작하는 것을 대수롭지 않게 여기면 언제가 생태계 전체도 구멍뚫린 둑처럼 무너지고 말 거예요. 그렇게 되면 지구는 더 이상 인간이 살기 어려운 곳이 되겠지요. 그러니 인간도 자연의 일부란 사실을 항상 기억해야 해요. 또 자신의 이익을 위해서라면, 발암물질도 만들어내는 위험한 존재가 인간이란 사실도 늘 염두에 두어야 해요. 이제 우리는 더 이상 자연을 지배하려 들지 말고, 자연을 파괴하고 있는 스스로를 통제하는 법을 배워가야 할 때라고 생각해요.

14

Katherine Johnson(1918~   )

아폴로 13호를 무사히
지구로 돌아오게 한 수학자
캐서린 존슨의 편지

만약 당신이 지금 하고 있는 일을 진정으로 좋아한다면,
결국은 잘 하게 될 것이다.
— 캐서린 존슨

좋아하는 음악과 음식을 즐기듯 숫자 다루는 것을 즐기는 사람들도 있어요. 우리 아버지와 내가 그래. 아버지는 모든 것을 수로 표현하기를 좋아하셨고 계산도 아주 빠르셨어요. 통나무를 보면 "판자 500장짜리군." 하고 말씀하셨고, 정말 그 나무를 손질하면 판자 500장이 나왔지요. 나도 그런 아버지를 닮아 어릴 때부터 내 주변의 모든 것을 수로 나타내길 좋아했어요. 매일 가족의 수, 접시의 수, 현관에 놓인 신발의 수를 세고, 더하고 빼며 놀았지요. 그런 탓인지 난 언니 오빠들을 오히려 가르쳐줄 정도로 수학을 배우는 속도가 더 빨랐어요.

요즈음으로 치자면, 나는 수학 영재였지만, 미래가 밝지만은 않았어요. 당시엔 인종 분리 정책이 심할 때라 대부분 중학교에서 흑인을 받아주지 않았거든요. 나는 당장 중학교 진학도 어려웠어. 게다가 어렵게 진학해 공부를 계속한다 해도 나중에 수학 재능을 살릴 만한 직업을 가질 수 있을지 의문이었어요.

물론 수학을 잘하면 많은 공학 분야에서 환영을 받아요. 도시를 설계하는 일, 기계를 만드는 일, 새로운 화학물질을 배합하는 일, 비행기나 배를 설계하는 일 등 엔지니어로서 나아갈 길은 넓지요. 하지만 그것은 내가 백인일 때만 가능한 이야기예요. 당시 흑인들이 겪었던 어려움은 영화 〈히든 피겨스〉나 〈그린북〉을 보면 잘 알 수 있어요. 백인들은 식당, 화장실, 버스, 호텔과 같은 대부분 공간에 흑인이 들어오지 못하도록 막았어요. 당연히 흑인은 백인들이 일하는 좋은 직장엔 들어갈 수 없었어요. 아무리 똑똑하고 능력있는 사람이라도 그 사람의 피부색이 까맣다면 일단 불합격이었지요. 대부분은 입사지원서조차 받아주지 않았지요. 게다가 난 여성이었어요. 여성들은 인종을 초월해 전문직 분야에서 배척당하던 시절이었어요. 어디서나 동료나 상사를 위해 차를 타고, 복사를 하고, 단순계산하는 일을 하도록 강요받았지요. 그것도 남성들에 비해 턱없이 싼 임금을 받으면서 말이에요.

그런데 흑인이고 여성인 내가 백인도 들어가기 어려운 NASA의 뛰어난 연구원으로 성장할 수 있었어요. 어떻게 그런 일이 가능했는지 궁금하다면 다음 이야기를 끝까지 들어봐요.

무엇이든 수를
세어보는 습관
：

난 1918년 미국 웨스트버지니아 주에서 4남매 중 막내로 태어났어요. 아버지는 농장을 가지고 있었고 어머니는 선생님이었어요. 무엇이든 배우기를 좋아했던 난 학교에 들어갈 나이가 될 때까지 기다릴 수가 없었어요. 그전에 이미 오빠를 따라 학교에 가서 함께 공부하려 했지요.

집에서는 숫자 세기를 좋아해 눈에 보이는 것은 무엇이든 세어보려 했어요. 수와 계산에 대한 이런 재능과 흥미는 어쩌면 아버지로부터 물려받은 것일지도 몰라요.

수 계산에 누구보다 뛰어났던 아버지는 내가 아는 사람 중 가장 멋지고 똑똑한 분이셨어요. 그리고 자식 교육을 세상에서 가장 중요한 일로 여겼던 분이기도 해요. 항상 나와 형제들에게 "너희들은 대학에 갈 거야."라고 말씀하셨지요. 난 대학이 무언지도 모를 정도로 아주 어릴 때부터 이 말을 들으며 자랐어요. 당시 미국엔 인종 분리 정책이 엄하게 시행되고 있어 대부분 중고등학교들은 흑인 학생을 받아주지도 않았어요. 그런데도 아버지는 자식들을 모두 대학에 보낼 계획을 세우셨어요.

난 열 살에 고등학교 입학 자격 시험에 합격했어요. 내가 살던 지역 고등학교들은 흑인 학생을 받지 않았기 때문에, 아버지는 가족을 데리고 다른 지역으로 이사 가기로 결심했어요. 하지만 자신은 여전히 일터가 있는 고향에 남아 가족의 생활비와 학비를 벌기로 했지요. 요즘으로 치자면 기러기아빠였어요. 게다가 아이들을 모두 대학에 보내려면 월급만으론 부족하다는 것을 알고, 이런저런 많은 일을 찾아서 했어요. 이처럼 교육을 중시하는 부모님의 헌신적인 뒷바라지 속에서 나는 웨스트버지니아 주립대학에 입학했어요. 그때 나이가 겨우 열다섯 살이라 주변 사람들을 놀라게 했지요.

학창시절 나는 질문이 많은 학생으로 유명했어요. 하지만 그 질문들 대부분은 내가 아는 내용이었어요. 다른 친구들이 어떤 부분을 어떻게 질문해야 할지 몰라 헤매는 것을 보고, 돕기 위해서 나섰던 것뿐이에요. 중고등학교 시절에도 나는 항상 숙제를 가장 먼저 끝내고 형제들을 도와주었어요.

"여성이 회의에 참석하는 게
   왜 불법입니까?"
  :

대학에서 나를 가르쳤던 분들 중에는 유명한 수학자인 클레이터 선생님도 있었어요. 그분은 내가 공부를 계속 하도록 격려했지요. 당시 내 꿈은 다른 많은 여자아이들과 비슷했어요. 대학을 졸업한 후, 교사나 간호사가 되고 싶었지요. 하지만 클레이터 선생님의 가르침을 받은 후부터는 수학자가 되기로 결심했어요. 클레이터 선생님은 오직 나만을 위해 해석기하학이라는 과목을 개설할 정도로 내 수학 실력을 높이 평가해주었어요. 이때 배운 해석기하학은 나중에 NASA에 들어가 우주선의 궤도를 계산할 때 아주 중요한 역할을 했지요.

난 가르치는 것을 좋아했기 때문에, 열여덟 살에 대학을 졸업한 뒤 잠깐 교사로도 일했어요. 그리고 결혼한 후부터 다시 공부를 시작했어요. 클레이터 선생님의 격려대로 수학자가 되고 싶었거든요. 하지만 곧 시련이 닥쳤어요. 남편이 갑작스럽게 병을 얻어 세상을 떠났고, 세 아이를 홀로 키우게 된 거예요. 자식들을 키우며 생계를 유지하려면, 공부를 그만두고 다시 일을 해야 했어요. 처음엔 예전처럼 교사가 되어 아이들을 가르쳤어요. 그런데 1953년 NASA에서 우주선 설계에 필요한 수학계산원을 특별 채용한다는 것을 알고 지원했어요. 이 채용은 소수자인 흑인 여성들에게만 열린 기회이기도 했어요. 당시 NASA에선 이 사람들을 '치마 입은 컴퓨터(computers in skirt)'라 불렀다고 해요. 이 말에는 단순히 계산만 하기 위해 채용된 여성들을 경멸하는 뉘앙스가 담겨 있었지요.

　NASA에 들어간 뒤 나는 여성인데다가 흑인이기 때문에 많은 차별을 받았어요. 이 당시 나와 흑인 여성 동료들이 극심한 차별을 견디며 자기 분야에서 성공한 이야기는 〈히든 피겨스〉라는 영화로도 나왔을 정도예요.

　이 영화를 보면, 흑인 직원들과 함께 화장실을 사용하지 않으려는 백인들 때문에, 나는 하루에도 몇 번씩이나 다른 건물 화장실로 뛰어가야 했어요. 화장실까지 다녀오는 시간이 아까워 항상 수학 계산용 자료뭉치를 들고 뛰었지요. 〈히든 피겨스〉를 본 사람들은 하이힐을 신고 무거운 자료뭉치를 가슴에 안은 채 화장실을 찾아 하루에도 몇 번이나 다른 건물로 경주하듯 달리는 내 모습에 안타까워

NASA에서 근무중인 캐서린 존슨

했다고 해요.

NASA에서 일하는 흑인 여성 계산원은 모두 12명이었어요. 물론 그곳엔 백인 여성 계산원들도 있었어요. 하지만 1964년에 인종분리정책이 폐지될 때까지 이들은 흑인 동료들과 밥도 같이 먹으려 하지 않았어요. 물론 사무실도 서로 다른 방을 썼지요.

나는 계산원들 중에서도 특히 수학 실력이 뛰어났기 때문에 비행경로를 설계하는 복잡한 부문을 맡았어요. 그런데 내가 하는 계산이 구체적으로 어떤 일에 필요한지를 아무도 말해주지 않았어요. 단지 빨리 정확히 계산하라고만 다그쳤지요. 자신이 어디로 가는지, 왜 뛰는지도 모른 채 매일 열심히 달리라고 채찍질당하는 경주마가 된 기분이었어요.

어느 날 나는 결단을 내렸어요. 모두 남성들뿐인 기술자들과 연구원들이 회의를 할 때 나도 참석하기로 한 거예요. 처음엔 몇몇 남성들이 회의실에서 나를 발견하고 "여성을 어떻게 회의에 참석시킬 수 있는가?"라며, 강력히 항의했어요. 당시엔 어딜 가나 여성들은 커피 타기, 서류 복사 같은 보조 업무를 했거든요. 여성이 회의에 참석해 자신의 의견을 내면서 주도적으로 일하는 모습은 상상하기도 어려운 일이었어요.

남성 동료들이 격렬하게 반대하자 나는 더더욱 회의에서 물러나선 안 되겠다는 생각이 들었어요. 부당한 일을 강요하는 사람들에겐 그들이 잘못하고 있다는 것을 가르쳐주어야 하니까요.

우선, 그들에게 따져 물었어요. "여성이 회의에 참석하는 것이

NASA에서 함께 일한 동료들과 함께. 앉아 있는 이가 캐서린 존슨

불법입니까?"라고. 결국 난 회의에 참석해 어려운 문제에 쩔쩔매는 남성 연구원들을 대신해 많은 정답을 척척 내놓았어요. 회의에 참석한 사람들은 일을 제대로 추진하려면 나의 해석기하학 지식이 필요하다는 것을 모두 인정하기 시작했지요. 난 여성 최초로 NASA 회의에 참석할 수 있는 정식 연구원이 되었어요.

NASA에서 찾은
소중한 삶의 기쁨
:
NASA에서 내 별명은 '인간 컴퓨터'였어요. 우주선의 경로와 착

류지점을 누구보다 정확히 계산했기 때문이에요. 당시엔 컴퓨터의 기능과 프로그램이 오늘날처럼 발달하지 않았기 때문에 복잡한 수식이 들어가는 계산은 사람이 직접 해야 했어요. 비행사를 우주공간으로 보낸 뒤 달 주위를 일정한 궤도로 돌게 하고, 마침내 달에 착륙하도록 경로를 정확히 계산할 수 없다면, 아무리 좋은 로켓과 우주선이 있어도 우주비행은 불가능해요. 그리고 지구로 돌아올 때에도 안전한 곳에 정확히 착륙하려면 우주선의 속도와 위치, 머무는 시간, 연료의 양 등 많은 요소를 정확히 계산해야 해요.

미국인 최초 우주비행사인 앨런 세퍼드는 이런 정확한 계산 덕분에 NASA가 정한 착륙 지점으로 한 치의 오차도 없이 내려올 수 있었어요. 이때 우주선이 로켓을 하나씩 버리며 궤도를 낮추어 지구에 착륙하는 복잡한 과정을 정확히 계산하는 것은 우주비행사들의 생명과 직결된 문제예요.

미국인 최초로 지구 궤도를 도는 비행에 성공한 존 글렌도 내 계산 실력을 믿어준 사람 가운데 한 명이에요. 그는 비행 직전에 "컴퓨터가 계산한 숫자를 캐서린 존슨이 확인할 수 있도록 해달라. 그분이 옳다고 하면 출발하겠다"고 말했다고 해요. 이후, 나는 1986년 은퇴할 때까지 수많은 우주개발 프로젝트에 참여해 중요한 역할을 맡았어요. 그리고 그 사이에 미국은 러시아를 물리치고 '우주개발 경쟁'의 승자가 될 수 있었지요.

지나온 삶을 돌아볼 때, 첫 번째 남편과 사별하고 홀로 세 아이를 키우다가 다시 결혼하는 등 인생의 굴곡도 많았어요. 어렵게 구한 직장에서 받았던 성 차별과 인종 차별을 생각하면, 지금도 눈시울이 뜨거워져요. 하지만 이 모든 어려움을 이겨낼 수 있도록 힘을 준 것은 'NASA에서 일하는 기쁨'이었어요. 난 단 한 번도 아침에 일어나 출근하기 싫다고 말한 적이 없었어요. 그토록 찾아헤맸던 소중한 '삶의 기쁨'을 NASA라는 일터에서 발견했으니까요.

2015년 아흔일곱 살 나이에 난 평생 동안 우주개발에 기여한 공로를 인정받아 대통령 자유 훈장을 받았어요. 흑인이라는 이유로 중학교 입학조차 허용되지 않았고, 여성이라는 이유로 직장 회의에서 쫓겨날 뻔했던 내가 인류의 우주 여행에 기반을 다진 영웅으로 인정받는 정말 기쁜 순간이었지요.

15

Margaret Hamilton(1936~　)

NASA의 컴퓨터 과학자이자
시스템 공학자
마거릿 해밀턴의 편지

'모른다'고 말하는 것을 두려워하지 마라.
묻지 않는 것이 가장 어리석은 질문이다.
— 마거릿 해밀턴

1969년 7월 20일, 나는 NASA 미션 컨트롤 센터 연구원들과 함께 우주비행사들을 지켜보며 통신하고 있었어요. 이제 조금만 있으면 닐 암스트롱이 착륙선 이글호를 타고 인류 최초로 달에 발을 디딜 예정이었지요. 우주비행선의 조종 프로그램을 짰던 나에겐 이보다 더 가슴 벅찬 순간도 없었을 거예요. 비록 내 몸은 지구에 있었지만, 내 머리에서 나온 분신을 달로 보낸 기분이었지요.

당시엔 컴퓨터가 일반인들에게 널리 보급되지 않았을 때였어요. 정부나 대기업에서 복잡한 수학 계산용으로 컴퓨터를 사용했어요. 컴퓨터의 규모도 아주 컸고, 쓰임도 단순했어요. 그런데 내가 팀원들과 함께 머리를 짜내 설계한 컴퓨터 프로그램은 우주비행선 조종을 많은 부분에서 대신해주었기 때문에, 계산만 하던 기존의 프로그램과 달랐어요. 인공지능의 초기 단계라고도 볼 수 있지요.

당시는 대학에 컴퓨터 프로그램을 가르쳐주는 학과가 생기기 전이었어요. 때문에 나는 팀원들과 수많은 실수를 반복하고 고치면서 프로그램을 완성했어요. 그리고 우리가 만들어낸 결과물을 '소프트 웨어'라 불렀어요. 컴퓨터란 하드웨어와 비교했을 때 언제든 지우거나 고칠 수 있다는 의미를 담은 이름이었지요.

소프트웨어, 즉 컴퓨터 프로그램에서 가장 중요한 것은 잘 모르

거나 미심쩍은 부분을 그냥 넘기지 않는 거예요. 만약 귀찮거나 창
피하다고 주위 사람들에게 물어보거나, 검토하지도 않고 그냥 넘
어간다면 잘못된 코드 한 줄이 프로그램 전체를 망치고 말지요.

그리고 인간이란 늘 실수하는 존재란 사실을 마음에 새기며 겸
손해야 해요. 내가 NASA에서 프로그램을 짤 때 조종사의 실수에 대
비하는 코드를 넣겠다고 하자, 닐 암스트롱은 "우주비행사를 우습
게 보지 말라"면서 화를 버럭 냈다고 해요. 물론 나는 그런 감정적
인 반응에는 개의치 않고, 소신대로 일을 진행했어요. 인간의 실수
에 대비한 코드를 추가한 나의 프로그램이 달 착륙선을 어떻게 구
해냈는지 궁금하다면, 지금부터 들려주는 이야기에 귀기울여봐요.

아폴로 프로젝트 연구원,
이건 내가 할 일이야
:

난 1936년 미국 인디애나 주 한 작은 도시에서 태어났어요. 학
창시절엔 수학과 과학을 좋아했어요. 늘 호기심이 많았고, 세상이
움직이는 원리와 사람은 왜 사는지를 알고 싶어했지요. 얼햄 대학
에서 수학과 철학을 공부했고, 졸업 후 바로 결혼해 매사추세츠 주
케임브리지로 이사왔어요. 남편이 하버드 로스쿨에 다녔기 때문이
에요. 난 아직 학생인 남편 대신 일을 해서 생계를 책임져야 했어
요. 그래서 대학원 공부를 연기하고 MIT(매사추세츠 공과대학)의 프
로그래머가 되었어요.

1950년대 당시 상황에 대해 내가 인터뷰에서 했던 말을 잠깐 옮겨볼게요.

"사람들은 하버드 로스쿨에 다니는 남자의 아내라면 집에서 다소곳이 차를 따라주는 주부를 떠올렸지요. 하지만 난 생각했어요. 내가 왜 집에서 차를 따르고 있어야 해? 나도 로스쿨에 다니면 변호사가 될 수 있는데."

하지만 난 변호사가 되고 싶지는 않았어요. 대신 MIT에서 적의 비행기를 감지하고, 날씨를 예측하는 컴퓨터 프로그램 짜는 일을 하기로 했지요. 그런데 어느 날 남편이 신문을 보다가 NASA에서 프로그래머를 모집한다는 기사를 발견해, 내게 알려주었어요. 인간을 달로 보내는 아폴로 프로젝트의 연구원을 구한다는 내용이었어요. 그 소식을 듣는 순간 '이건 내가 해야 할 일이야.'라는 생각이 들어, 조금도 망설이지 않고 지원했어요.

결과는 합격이었어요. 그때까지 MIT에서 프로그램을 짠 경력을 인정받아 NASA 최초의 프로그래머가 되었지요. NASA에서 일을 시작하면서, 내가 맡은 분야를 '소프트웨어 공학'이라 불러야겠다는 생각이 들었어요. 그런데 처음으로 이 말을 사용하자, 사람들은 다 농담으로 받아들였어요. 건물, 기계, 배처럼 눈에 보이는 무언가를 만들어내지도 않으면서 '공학'이란 말을 사용하는 게 우스웠던 거예요. 대부분은 "소프트웨어가 공학이 된다고?"라고 하면서, 어이없어했지요. 그로부터 몇십 년도 채 지나지 않아 이 분야가 공학에서 얼마나 중요해질지를 전혀 알지 못했으니까요.

주부와 연구원 사이에서
힘든 줄타기
:

당시는 컴퓨터가 나온 초창기였고, 문서를 작성하고 저장할 '마이크로소프트 워드' 같은 프로그램도 없었어요. 그래서 종이에 구멍을 뚫어 만드는 천공 카드에 컴퓨터 프로그램을 기록해 입력해야 했어요. 간단한 프로그램을 하나 입력하는 데도 수백 장의 천공 카드에 구멍을 뚫어야 했지요.

많은 사람들이 소프트웨어란 카드에 무수한 구멍을 뚫는 지루하고 단순한 작업이라고 생각했을 거예요. 하지만 난 알고 있었어요. 종이에 작은 구멍을 뚫는 것은 아주 단순한 작업이지만, 그것이 담아낼 수 있는 내용은 정말 놀라울 정도로 많다는 것을. 예를 들어 천공카드에 구멍 뚫는 과정을 얼마나 많이, 또 어떤 식으로 반복하느냐에 따라 컴퓨터에 내릴 수 있는 명령은 무수히 많아지고, 컴퓨터가 처리할 수 있는 작업도 그 이상으로 많아져요. 오늘날 1과 0으로 나타내는 디지털 부호를 당시엔 종이에 구멍을 뚫는 것과 뚫지 않는 것으로 표현했다고 보면 돼요. 내 눈에 비친 컴퓨터는 카드 뭉치를 기계에 입력하면, 잠시 후 수많은 결과가 쏟아져나오는 '마법의 상자'와도 같았어요.

나와 동료들은 이런저런 프로그램을 스스로 짜서 천공카드에 입력한 후 직접 컴퓨터로 실행해보며 수정했어요. 한 마디로 일하면서 배웠고, 그렇게 배운 것을 바탕으로 달에 보낼 비행체를 조종

· 3부. 남성보다 무한히 많은 장애물에 당당히 맞서다 ·

할 프로그램을 설계해 나갔어요.

나는 NASA의 컴퓨터 기술 분야에서 일하는 몇 안 되는 여성들 중 한 명이었어요. 그나마 대부분 여성들은 계산 부분에서 일했기 때문에 우리 팀에서 내가 거의 유일한 여성이었어요. 주부와 연구원의 역할을 동시에 해내기는 쉽지 않았어요. 같이 일하는 동료 남자 직원들은 살림하고 아이를 키우는 누군가가 따로 있었지요. 하지만 난 그 모든 것을 스스로 알아서 해야 했어요. 아이를 탁아소에 맡길 수 없는 밤이나 주말에는 딸을 직장에 데려와 옆에 두고 일해야 했어요.

다른 남자 직원들보다 훨씬 불리한 환경에서 일했지만, 내가 하는 일이 좋았기 때문에 힘든 상황도 충분히 이겨나갈 수 있었어요. 특히 프로그램의 오류를 찾아내고 수정하는 일에 뛰어났기 때문에 동료들은 모두 나를 인정하고 존경해주었지요.

다행히 NASA에서도 소프트웨어 공학의 중요성을 알아차렸어요. 달에 인류를 보내는 우주개발 경쟁에서 소련을 이기려면, 정확하고 우수한 프로그램이 필요했어요. 그래서 아폴로 프로젝트에 프로그래머로서 참여한 나를 우주비행에 소프트웨어 개발팀의 리더로 승진시켜주었어요.

어느 날 밤, 나는 여느 때처럼 딸 로렌을 직장으로 데려와 일을 하고 있었어요. 로렌은 평소 내가 프로그램을 테스트하며 우주비행선 조종 장치를 움직이는 것을 눈여겨보았어요. 그리고 그날은 내가 일에 몰두한 사이 모형 우주비행선의 조종간에 들어가 이것

185

아폴로 비행 소프트웨어 엔지니어로 작업중인 마거릿 해밀턴

저것 눌러보기 시작했어요. 그런데 갑자기 비상 장치에 불이 켜졌고, 모든 시스템이 작동을 멈추었어요. 로렌이 모의 비행 중에 '발사 전 프로그램' 스위치를 눌렀던 거예요.

　문득 나는 실제 우주비행사들도 그런 실수를 할 수 있겠다고 생각했어요. 그래서 실수에 대비할 프로그램을 짜려고 했어요. 하지만 동료들은 잘 훈련 받은 비행사들이 어린아이 같은 실수를 할 리 없다고 찬성하지 않았어요. 심지어 이 이야기를 전해 들은 우주비행사들은 자존심이 상한 나머지 화를 냈다고 해요. 하지만 난 예전부터 프로그래머는 모든 가능한 실수를 예측하고 대비해야 한다는 신념이 있었기 때문에 주장을 굽히지 않았어요. 결국 내가 논쟁에서 이겼고, 아폴로 비행 소프트웨어에는 인간의 실수에 대비할 코드가 첨가되었어요.

소프트웨어야말로
미래를 이끌 핵심 기술
:

1969년 7월 16일 드디어 달까지 가는 최초 유인 우주선 아폴로 11호가 발사되었어요. 이 비행체에는 선장 닐 암스트롱, 사령선 조종사 마이클 콜린스, 달 착륙선 조종사 버즈 올드린이 탔지요. 착륙선이 달 표면에 내려앉기 3분 전 한 비행사가 스위치를 잘못된 방향으로 돌리는 실수를 하고 말았어요. 소프트웨어에 무리가 갔고, 요란하게 경고등이 켜졌지. 내가 우려하던 일이 일어난 거예요.

우주비행사들과 이들을 지켜보던 NASA직원들은 갈림길에 서고 말았어요. 경고등을 무시하고 착륙을 감행할 것인가. 아니면 그대로 착륙을 포기하고 지구로 돌아올 것인가. 물론 난 착륙을 해야 한다는 쪽이었어요. 이미 그런 실수에 대비해 안전하게 착륙을 진행하도록 프로그램을 짰기 때문이에요. 난 프로그램이 제대로 작동할 것이고, 그들이 안전하게 착륙할 수 있을 것이라고 믿었어요. 하지만 우주비행사들에게 경고등을 무시하고 착륙하라고 강요할 수는 없었어요. 그들 앞에 어떤 위험이 벌어질지는 아무도 예측할 수 없었으니까요. 이런 상황에서 착륙을 강요하는 것은 굶주린 사

아폴로 11호 발사 계획 준비중인 MIT 연구실에서

자들이 기다릴지 모르는 굴 속으로 뛰어들라고 등을 떠미는 것과도 같은 일이에요.

다행히 우주비행사들은 내가 만든 소프트웨어를 믿고 착륙을 감행하는 용기를 보여주었어요. 사실 전 세계인의 관심을 받으며, 달까지 갔다가 스위치를 잘못 눌러 착륙도 못하고 돌아온다면 참 부끄러웠을 거예요. 지구인을 대표해 달까지 간 비행사들이라면, 이런 순간에 착륙을 감행하는 용기 정도는 갖추고 있어야 한다고 생각해요.

우리 팀이 설계한 아폴로 11호의 소프트웨어는 어려움 앞에서 "GO, GO, GO!!!"를 외친 우주비행사들의 용기와 믿음을 저버리지 않았어요. 프로그램은 제대로 돌아가기 시작했고, 암스트롱과 올드린은 달에 발을 딛은 최초의 인류가 되었어요. 그리고 지구촌 사람들은 이런 속사정도 모른 채 그들의 달 착륙을 보며 환호성을 질렀지요. 암스트롱과 올드린은 달 탐사를 마치고 무사히 지구로 돌아와 영웅이 되었어요. 그들의 달 착륙 덕분에 미국은 우주개발에서 소련을 앞지를 수 있었고, 온 나라가 축제 분위기였어요. 아무도 스위치를 잘못 누른 그들의 실수를 지적하지 않았어요. 그런 사건 때문에 완벽한 승리에 오점을 남기고 싶지 않은 마음 때문이었을 거예요. 덕분에 달착륙 프로젝트를 성공으로 이끄는 데 결정적인 기여를 한 내 공로는 조용히 잊혀졌지요.

이후 난 NASA를 나온 뒤, 컴퓨터 프로그램을 설계할 때 미리 오류를 막아주는 시스템과 언어를 개발하는 회사의 CEO로 활동했어요. 그리고 2017년에는 우주개발에 대한 공로를 인정받아 대통령 자유 훈장을 받았어요. 지금도 IT분야의 후배들은 내 이름을 '소프트웨어 공학이란 용어의 창시자'로 기억하며, 많은 존경을 보내주고 있어요.

소프트웨어야말로 미래를 이끌어갈 기술 산업의 핵심이야. 좀 더 많은 여학생들이 내 뒤를 이어 이 분야로 뛰어들었으면 좋겠어요. 그리고 달보다 더 먼 천체로 인류를 실어나를 우주비행선을 위해 프로그램을 짜보길 바라요.

지금 하고 있는 일을 진정으로 사랑하다

매리 애닝   헨리에타 리비트   펄 켄드릭과 그레이스 엘더링   헤디 라마   유지니 클라크

16

·

Mary Anning(1799~1847)

·

이크티오사우루스를
발견한 공룡화석 연구가
매리 애닝의 편지

역사학자들이 매리 애닝의 업적을
인정하기 시작한 것은 겨우 20년 전부터였다.
과학사에서 그녀의 영향력이 얼마나 큰지
충분히 이해하려면 앞으로 20년은 더 기다려야 할 것이다.
— 에이드리안 커리(엑스터 대학 인류학 교수)

오늘날 런던 자연사 박물관에 있는 거대한 수장룡과 어룡 화석은 내가 200년 전에 수집한 것들이에요. 난 그것들을 캐내기 위해 집 근처 바닷가 절벽을 아슬아슬하게 기어올라갔어요. 수도 없이 미끄러졌고, 갑자기 절벽이 무너져 키우던 개가 눈 앞에서 죽어버리는 사건도 있었어요. 하지만, 포기하지 않았어요. 아직도 캐내지 못한 화석들이 절벽 속에서 자기를 찾아달라고 부르짖는 것 같았거든요.

내가 캐낸 화석은 주로 2억 년 전 지구상에 살았던 해안 파충류들이 남긴 것들이에요. 이 화석들의 정체가 조금씩 밝혀지기 시작하자, 유럽의 지질학회와 역사학회는 발칵 뒤집혔어요. 기독교 세계관에 지배당하던 당시 사람들은 하나님이 만드신 완벽한 창조물이 아주 오래전에 멸종되었다는 사실을 인정하지 않으려 했어요.

난 내가 찾아낸 화석들의 정체를 밝히기 위해 스스로 공부해 그 누구도 따라올 수 없는 화석 전문가가 되고 싶었어요. 그래서 수많은 자연과학 책과 해부학 책을 읽었고, 심지어 유명한 동물학자 퀴비에의 책을 읽기 위해 프랑스어를 배우기도 했어요. 그리고 책을 통해 자연주의자들이 관찰을 통해 어떻게 추론하는지를 깨우쳐 내가 발견한 화석에 그대로 적용하기도 했어요. 또, 박물관 전시를 위해 표본을 어떻게 준비해야 하는지도 책을 읽으며, 스스로 독학했지요.

노력이 쌓이고, 시간이 흐르면서 난 어느새 내가 꿈꾸던 전문가가 되어가고 있었어요. 뼈 조각 몇 개만 보아도 어떤 고생물의 몸에서 나온 것인지 알아맞추고, 주변 절벽에서 나머지 화석을 찾아 이물질을 제거하고 몇 미터에 이르는 완성품을 만들어냈어요. 화석 발굴 분야에선 누구도 따라오기 어려운 지식과 경험을 갖추게 된 거예요. 훗날 매리 애닝 덕분에 고생물학이란 새로운 분야가 창시되었다고 말하는 사람도 생겨날 정도였어요. 하지만 끝까지 난 정식 학자로선 인정받지 못했어요. 과학 학회의 영국 신사들은 비국교도 출신 여성인 나를 철저히 무시했지요. 그들은 내 업적을 가져가 고스란히 자신의 것으로 만들기에만 바빴어요. 그리고 "매리 애닝은 '신의 은혜'로 우연히 공룡 화석을 발견한 여성에 지나지 않는다"고 평가했어요.

하지만 현대인들은 내 업적을 새롭게 바라보고 있어요. 나와 학자들이 주고받은 편지라든가 학회지에 기고한 글들이 발견되면서 새로운 면을 보았기 때문이에요. 여성들을 학문의 세계에서 철저하게 배제시켰던 빅토리아 시대 신사들은 나를 '화석 캐는 가난하고 무식한 여인'으로 만들려 했지만, 진실은 드러나고 말았어요. 이제 영국 곳곳에 나를 기념하는 동상이 세워지고 있어요. 구글에선 나를 기념하는 특별한 로고를 만들어 홈페이지에 띄우기도 했지요.

그럼 지금부턴 내가 어떻게 화석을 발견하게 되었고, 지구의 역사를 새롭게 바라보는 계기를 만들었는지에 대해 이야기해볼게요.

아버지의 화석 사랑을
물려받은 소녀
∶

나는 1799년 영국 남부 바닷가 마을 라임리지스에서 태어났어요. 매리란 내 이름은 언니의 이름을 물려받은 거예요. 언니는 집에 불이 나는 바람에 내가 태어나기도 전에 죽었어요. 아직 갓난아기였을 때 부모님은 나를 유모에게 맡기고 일을 하러 가셨어요. 어느 비바람 불던 날, 나를 안고 있던 유모가 벼락을 맞았어요. 안타깝게도 나만 겨우 살아남았지요. 사람들은 그때부터 내 성격이 변했다고 해요. 조용하고 잘 울지도 않던 아기가 까르륵 잘 웃는 활발한 아이가 되었대요. 갓난아기지만, 죽다가 살아난 게 너무 기뻤나봐요. 이 쾌활한 아이는 아버지를 따라다니며, 해안 절벽에서 화석 캐기를 좋아했어요. 아버지는 바위를 살살 조각내면서 화석을 다치지 않고 꺼내는 방법을 가르쳐주셨지요.

라임리지스는 부자들이 즐겨 찾던 바닷가 휴양지 마을이에요. 주민 중에는 화석을 주워 관광객들에게 팔아 생계를 이어가는 사람들이 많았어요. 우리 아버지는 가구 만드는 장인이었지만, 부업으로 화석을 캐서 팔았어요. 돈벌이를 위해서이기도 했지만, 누구보다 화석을 아끼고 사랑하는 분이었어요. 그래서 신기한 화석을 발견하면 위험한 곳도 망설이지 않고 다가가셨어요. 이런 아버지

라임리지스 지층

의 화석 사랑은 제대로 결실도 거두기 전에 안타까운 사고로 이어
지고 말았어요. 어느 날 아버지는 화석을 캐다 바닷가의 절벽에서
미끄러져 추락하고 말았어요. 겨우 목숨은 건졌지만, 너무 심하게
다쳐서 더 이상 화석을 캐지 못하고, 3년 정도 자리에 누워계시다
돌아가셨지요.

　아버지를 여읜 우리 가족은 먹고살 길이 막막해졌어요. 궁리 끝
에 아버지가 남기신 화석 유물을 팔기 위해 집안 거실에 조그만 화
석 가게를 열었어요. 관광객이 많을 때엔 식구들이 모두 나가 화석
을 캐 팔기도 했어요. 나는 주로 바닷가 절벽에 나가 화석 캐오는
일을 했어요. 아버지가 그랬던 것처럼 절벽 위를 기어다니면서, '뱀
돌'이라 불리는 암모나이트 화석과 '악마의 손가락'이라 불리는 벨
렘나이트 화석을 주로 캤어요.

· 4부. 지금 하고 있는 일을 진정으로 사랑하다 ·

라임리지스에는 겨울에 비가 자주 내려요. 퇴적층이 켜켜이 쌓여 이루어진 바닷가 절벽에 빗물이 스며들면, 부서지기 쉬운 상태가 돼요. 미끄럽긴 해도 벼랑에 매달려 화석을 캐내기 좋아지지요. 나는 이곳의 특성과 지리를 잘 알기 때문에, 겨울이 되면 절벽을 누비고 다니며 수많은 화석을 수집했어요. 십대 초반에 이미 훌륭한 화석 채취꾼이 되어 있었지요.

지구 역사의 비밀을
간직한 화석
:

열두 살이 되던 해 오빠와 화석을 캐러 나간 날이었어요. 오빠가 우연히 1미터가 훨씬 넘는 두개골 화석을 찾아냈어요. 그것을 본 순간 근처에 몸통 화석도 있을 것이라고 직감했어요. 하지만 오빠는 이미 취직을 했기 때문에 더 이상 나머지 화석을 캐러 다닐 시간이 없었어요. 나 혼자 힘으로 할 수 없다면, 인부를 고용해서라도 나머지 몸통 화석을 찾아내고야 말겠다는 생각이 들었어요. 화석이 발견된 높은 절벽에 닿기 위해선 나무로 탑처럼 생긴 가건물을 지은 뒤, 그것을 타고 올라가야 해요. 주변 사람들의 도움을 받아 몇 달에 걸친 작업을 했고, 결국 이름 모를 동물의 몸통 화석을 거의 다 찾아냈어요. 오빠가 찾은 두개골 화석과 몸통을 이었더니 거대한 한 마리 동물이 나타났어요. 그렇게 큰 동물은 태어나서 처음 봤어요.

내가 찾아낸 화석의 주인공은 나중에 대영박물관으로 갔고, 이크티오사우루스란 이름이 붙여졌어요. 물속에서만 살았던 최초의 파충류 중 하나예요. 부유한 화석 수집가가 찾아와 이 화석을 사갔는데, 발굴하면서 들인 돈보다 훨씬 더 많은 금액을 지불했어요. 그때 처음으로 화석을 찾는 일을 하면, 우리 가족이 먹고살 수 있겠다는 생각이 들었어요. 게다가 위험하긴 해도 너무 재미있었기 때문에 본격적으로 화석 찾기에 뛰어들었지요.

한편 이크티오사우루스의 화석을 둘러싸고 런던의 학자들 사이에선 논쟁이 붙었어요. 이 동물이 어류인지, 파충류인지, 아니면 양서류인지, 도대체 언제 살았던 동물인지를 두고 팽팽하게 의견이 갈렸지요. 이 화석은 인류가 지구에 살기 시작한 것보다 훨씬 오래전에 살다가 멸종된 생물이 남긴 흔적이었어요. 그런데 당시 기독교적 세계관에 사로잡혀 있던 유럽 귀족들은 이 사실을 인정하고 싶어하지 않았어요. 지구 역사는 하나님이 인간을 창조했을 즈음부터 시작되었다고 믿었기 때문이에요. 인류가 살기 전에 이미 다른 동물들이 지구상에 살았다는 것은 말도 안 되는 일이었지요. 게다가 하나님께서 완벽하게 창조하신 생물이 멸종되어 사라지는 일은 결코 있을 수 없다고 생각했어요. 그래서 논쟁은 오래 지속되었어요. 내가 발견한 이크티오사우루스의 화석이 지구와 인류의 역사 자체를 다시 생각하게 만든 셈이에요.

논쟁에 참여한 학자들은 처음에 나를 무시했어요. 운이 좋아 화석을 찾아낸 가난하고 무식한 여성이라 생각했기 때문이지요. 하

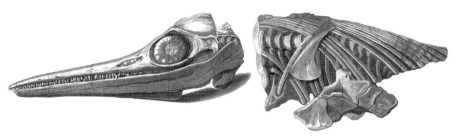

이크티오사우루스 뼈의 일부를 그린 그림

지만 차츰 생각을 바꾸고, 하나둘 조용히 나를 만나러 오기 시작했어요. 이들이 비밀리에 먼 곳까지 찾아오는 이유는 라임리지스의 화석 발굴가 매리 애닝에 대한 특별한 소문을 들었기 때문이에요.

난 애써 발굴한 화석을 헐값에 팔아 생계를 이어가는 데만 만족하는 가난하고 무식한 여자 취급을 받는 게 싫었어요. 또 내가 발견한 화석이 어떤 생물이 남긴 흔적이기에 부자들이 서로 사가려 하는지가 정말 궁금했어요. 그래서 과학책을 빌려 스스로 고생물학을 익혔어요. 심지어 생물 지식을 쌓기 위해 물고기나 오징어를 해부하고 관찰했지요. 발굴할 때 상황도 자세히 기록하고 그림도 그렸어요. 이런 자료들은 내가 발견한 화석만큼이나 가치 있었어요. 생물학자들이 지질학을 통해 지구의 역사를 연구하는 데 기초를 닦아줄 수 있기 때문이에요. 게다가 난 화석을 손상시키지 않고 발굴하는 데도 누구보다 뛰어났어요. 화석이 지층 속에 묻혀 있으면 다른 돌과 구분하기가 아주 어려워, 자칫 잘못하면 돌을 분리하다가 화석까지 망가지는 경우가 너무 많아요. 학자들은 나와 함께 다니며 화석을 발굴하고, 내 설명을 듣고 싶어했어요.

처음에 나는 학자들이 인정해주는 것 같아 기분이 좋아졌어요. 그래서 어릴 때부터 화석을 발굴하며 쌓은 경험과 혼자 공부한 지식을 통해 깨달은 것들은 다 알려주었어요. 힘들게 찾은 화석을 그들에게 헐값에 팔기도 했지요. 하지만 큰 배신감을 느끼게 되는 사건이 일어났어요. 이들은 잘 몰랐겠지만, 난 고생물과 관련된 많은 자료를 수시로 찾아 읽었어요. 심지어 고생물에 대한 책을 읽으면서 걷다가 마차에 치일 뻔한 적도 있었지요.

어느 날 내게 자주 찾아오던 학자가 쓴 논문을 읽게 되었고, 그 자리에서 그것을 집어던질 뻔했어요. 그는 내가 들려준 이야기를 마치 자신의 의견인 것처럼 논문에 쓰고 있었어요. 그제야 많은 학자들이 그런 식으로 내 지식을 훔쳐갔고, 심지어 내가 발굴한 화석을 자신이 발굴한 것처럼 이야기하고 다녔다는 것도 알게 되었어요. 나는 소위 배웠다는 남성들이 내 지식을 빼내 자신의 출판물로 가공했다는 사실을 알게 되었어요. 하지만 이런 진실을 세상에 외친다 해도 아무도 믿어주지 않았을 거예요. 학교에도 다니지 않은 무식한 여성의 말보다는 저명한 학자의 말이 더 그럴듯하니까요.

운이 아니라 노력으로
이루어낸 업적
:
실제로 난 엉뚱한 주장에 휘말려 고생을 한 적이 있어요. 세계 척추동물학의 한 권위자가 내가 발견한 공룡 화석이 가짜라고 주장했기 때문이에요. 그는 "이 이상한 동물 화석은 그녀가 상상력을 발휘해 만든 겁니다"라고 했다더군요. 난 너무 억울했지만, 사람들은 내 말보다는 학자의 말을 더 믿는 것 같았어요. 다행히 세밀한 조사 끝에 공룡 화석이 진짜라고 밝혀지기는 했지만, 세상 사람들이 가난하고, 배우지 못하고, 게다가 여성인 나를 얼마나 우습게 보는지를 다시 한 번 깨달았어요.

그때부터 난 더 열심히 공부해서, 고생물에 대해서라면 누구보다 많은 것을 아는 전문가가 되어야겠다고 생각했지요. 학자들은 책만 읽지만, 난 오랫동안 현장에서 직접 화석을 발굴하고 있기 때문에 누구보다 뛰어난 전문가가 될 자신이 있었어요. 그리고 스스로 글을 써서 학회지에 보내기 시작했어요. 물론 정식 회원이 아니라 논문을 보낼 수는 없지만, 학자들이 쓴 논문의 오류를 지적하며 토론을 벌일 수는 있었어요. 1839년 《저널 오브 내추럴 히스토리》에 보낸 편지도 그중 하나예요. 고대 상어 화석의 이빨 모양에 대한 내용이 잘못되어 있어 바로잡아주었지요. 이 편지는 학회지에 실렸고, 귀족계급 남성들만 참여하는 학회지에 여성의 이름이 당당하게 등장하는 역사를 만들었어요.

당시 런던 시 서기관의 아내였던 헤리엇 실베스터는 화석 발굴에 관심이 많았어요. 런던 지식인 사회에서 유명인사가 된 나에 대한 이야기를 듣고, 라임리지스까지 찾아왔지요. 우리는 곧 좋은 친구가 되었고, 화석을 발굴하는 현장에 함께 나가기도 했어요. 학자들은 내 지식을 훔쳐가 자신의 것인양 쓰고서, '운 좋아 화석을 찾

매리 애닝이 발견한 화석을 바탕으로 지질학자 헨리 드라베시가 그린 그림

아낸 무식한 여성'이라고 나를 깎아내렸는데, 헤리엇은 달랐어요. 그녀는 나에 대해 "영국의 모든 과학자들을 합친 것만큼 이 분야에 정통했다."고 높이 평가해주었어요. 그녀의 평가대로 난 그 누구도 찾아내지 못햇던 많은 고생물 화석들을 발굴해, 그 모습을 스케치했고, 어떤 종으로 분류해야 할지 의견을 남겼어요.

내가 찾아낸 거의 완벽한 고생물 화석 중 이크티오사우루스 말고도 유명한 것은 1억 3000만 년 전에 살았던 목이 긴 파충류 화석, 6500만 년 전에 살았던 날개달린 공룡 화석 등이에요. 특히 그 누구도 가치를 인정하지 않았던 공룡의 분변 화석을 발굴해, 이 거대한 생물이 무엇을 먹고 살았는지를 알아냈지요. 만일 내가 없었다

· 4부. 지금 하고 있는 일을 진정으로 사랑하다 ·

면 많은 공룡 화석들이 인간의 눈에 띄지도 못한 채 사라져버려 지구의 역사를 밝혀내는 일도 많이 늦어졌을 거예요.

40대 후반에 난 병이 들었고, 라임리지스엔 더 이상 새로운 화석이 발견되지 않았어요. 그래서 몇 년 동안 아주 어렵고 가난하게 살다가 생을 마쳤어요. 다행인 것은 당시 영국 지질학회의 회장으로 많은 발굴 현장에 함께 나갔던 헨리 드라베시가 추도문을 써서 나를 기억해주었다는 사실이에요. 그리고 영국 지질학회 회원들은 나를 기념하기 위한 기금도 모았어요. 그 돈으로 거대한 스테인드글라스 창을 만들어 매리 애닝의 이름으로 교회에 바쳤지요.

난 그 누구보다 뛰어난 업적을 쌓았음에도 살아생전엔 학자로서 조금도 인정받지 못했어요. 하지만 이제 시대는 바뀌었어요. 여성이 남성과 동등하게 평가받아야 한다는 분위기 속에 내 업적도 새로운 평가를 받기 시작했어요. 2010년 영국 왕립학회는 '과학사에 기록되지 않은 가장 영향력 있는 여성 과학자 10명' 중 한 명으로 나를 선정했어요. 내가 발굴한 수많은 화석이 지구 전체의 역사를 새롭게 바라보는 통찰력을 가져다 주었기 때문이에요. 가난하고 배우지 못한 여성도 열정과 꿈이 있다면 지구의 역사를 새롭게 쓸 수 있다는 것을 세상에 보여주었지요.

17

•

Henrietta Leavitt(1868~1921)

•

우주의 크기를 깨닫도록
길을 열어준 천문학자
헨리에타 리비트의 편지

헨리에타 리비트 덕분에 우주가
팽창하고 있다는 사실을 알아낼 수 있었다.
그녀야말로 노벨상을 받을 만한 자격이 충분하다.
— 에드윈 허블

20세기가 될 때까지 대부분 사람들은 하늘이 엎어놓은 그릇 모양이고, 거기에 태양, 달, 행성이 박혀 있다고 생각했어요. 코페르니쿠스가 지동설을 주장한 이후, 우주를 바라보는 관점이 많이 바뀌기는 했어요. 하지만, 우주는 여전히 알기 어려운 신비로운 공간이었지요. 인간이 추측할 수 있는 것은 우리은하 정도의 어마어마한 공간이 늘 변함없이 우리를 둘러싸고 있다는 사실뿐이었어요.

그런데 1920년대 말, 허블이란 천문학자가 나타나 놀라운 사실을 발표했어요. 우주는 우리은하를 넘어 무한하게 크며, 심지어 빠른 속도로 계속 부풀어오르고 있다는 거예요. 사람들은 "우주가 부풀어 오른다고? 그런데 왜 난 그대로야? 내 주변의 집도 산도 모두 멀쩡한데?"라며, 이 말을 믿으려 하지 않았어요. 마치 중세 사람들이 '지구가 하루 한 바퀴씩 자전하고 있다'는 말을 처음 듣고, "지구가 도는데 왜 난 하나도 안 어지러운 거지?" 하고 되묻는 것이나 마찬가지였어요.

허블은 이런 의심을 한방에 날려버리기 위해 자신이 관찰한 자료를 바탕으로 우주의 팽창을 계산하는 허블의 법칙을 발표했어요. 그리고 이 법칙을 만들기 위해 '리비트의 법칙'을 바탕으로 별까지 거리를 계산했다고 했지요. 그러면서 헨리에타 리비트야말로 우주의 크기를 알기 위한 열쇠를 제공한 사람이라고 칭찬했어요.

사실 나, 헨리에타 리비트는 하버드 천문대의 이름없는 계산원에 지나지 않았어요. 리비트의 법칙을 발견할 때까지 천문대의 망원경은 한 번도 들여다보지 못했지요. 그런 내가 어떻게 우주의 비밀을 풀 수 있는 열쇠를 찾아냈는지 이야기해줄게요.

여성들에겐 금지된
망원경
:

난 1868년 미국 매사추세츠 주에서 태어났어요. 목사인 아버지 아래서 7남매 중 장녀로 자랐지요. 어릴 때부터 천문학에 관심이 많았고, 대학 다닐 땐 남학생들 틈에 끼어 천문학 수업을 들었어요. 옆에 앉은 남학생들이 거의 유일한 여학생인 나를 흘깃흘깃 쳐다보는 것을 불편해하면서 말이에요. 그 눈빛은 '여학생이 천문학 공부는 해서 뭐하려고?'라고 묻는 듯했어요.

당시의 관습에서 여성이 천문대 망원경으로 하늘을 관측하는 것은 금지되어 있었어요. 망원경이 남성들을 위해 특수제작된 것도 아닌데, 여성들은 왜 그것을 들여다보면 안 되는지 이해하기가 어려웠어요. 아마 여성들이 밤에 외출하는 것을 허락하지 않았기 때문에, 천문대에서 밤하늘을 관측하는 것도 금지였던 것 같아요. 아무튼 남성들은 이런저런 핑계를 대며 망원경 앞에서 여성들을 밀어냈어요. 그러니 천문학을 공부한다 해도 여성들은 관련된 일

하버드 천문대에서 계산중인 헨리에타 리비트

을 찾기 어려웠지만, 다행히도 나는 하버드 대학교 천문대에 취직하게 되었어요. 당시 천문대장이었던 에드워드 찰스 피커링이 고용한 여성 계산수들 중 한 명으로 뽑혔지요. 사람들은 우리를 가리켜 '피커링의 하렘'이라는 모욕적인 말로 불렀어요. 하렘이란 이슬람 지역에서 부인들이 거처하는 방을 가리키는 말이에요. 간혹 동물 세계에서 한 마리의 수컷이 거느리는 여러 마리의 암컷을 가리킬 때에도 이 말을 쓰지요.

당시 천문대에는 계산해야 할 관측자료가 넘쳐났는데 남성 연구원들은 망원경으로 밤하늘을 들여다보는 일만 서로 하려고 했어요. 계산을 맡기면 진득하게 앉아 있질 못하고, 자기네끼리 담배 피러 들락날락거리며 적당히 시간을 보내다가 해가 지면 퇴근했지요. 게다가 계산해놓은 것을 보면 오류투성이였어요. 화가 난 피커링은 "차라리 우리집 하녀한테 맡겨도 너희들보다 낫겠다."고 소리치며, 정말 하녀 한 명을 데려왔대요. 그런데 이 하녀가 일을 아주 잘 해서 피커링이 감탄할 정도였다고 해요. 피커링은 그녀를 연구원들보다 훨씬 낮은 임금을 받으며 자료계산만 하는 계산원으로 고용했어요. 그리고 계산원을 몇 명 더 뽑았는데, 단순 노동 외에는 여성들을 위한 일자리가 거의 없던 시절이라 나처럼 대학 나온 여자들이 계산원이 되기 위해 대거 몰려들었지요. 그렇게 모여든 우리를 '하렘'이라는 성적인 말로 비웃는 것은 분명 일부 몰지각한 남자들 머리에서 나온 발상이었을 거예요.

세페이드 변광성이
들려준 이야기
:

남들이 비웃든 말든 우리는 신경쓰지 않고 정말 열심히 일했어요. 사실 난 일이 너무 하고 싶어 자원 봉사부터 시작했어요. 나중에 피커링은 수많은 사진 속에서 특정한 별을 찾는 일을 내게 맡기면서 시간당 30센트를 급여로 주었어요. 보통 다른 여성들은 시간당 50센트를 받고 있었지요. 적은 급여였고, 내 능력을 완전히 발휘하지 않아도 되는 단순한 일이었지만, 천문대에서 일하는 것이기 때문에 만족했어요.

나 같은 계산원들이 천문대에서 주로 하는 일은 항성의 밝기를 구분하기 위해 망원경으로 찍은 사진을 검사하는 거예요. 하루종일 사진을 들여다보며, 기록하고 측정하고 계산했어요. 대부분 이 세 가지 일만 열심히 하기에도 바빴기 때문에 사진이 지닌 의미 같은 것은 고민할 필요가 없었어요. 정말 지루할 것 같지 않나요? 남성 연구원들이 왜 이 일을 싫어했는지 조금 이해가 되기도 해요.

그런데 난 하루종일 별들을 찍은 흐릿한 사진을 들여다보고 있어도 전혀 지루하지 않았어요. 물론 망원경으로 별을 좀더 가까이 보았으면 하는 아쉬움은 늘 있었지만 말이에요. 사진 속에서 흐릿하게 반짝이는 별 하나하나가 내게 자기를 알아봐 달라고 말을 걸어오는 것 같았어요. 피커링이 내게 밝기가 변하는 별을 찾으라고 했을 때 특별히 내 시선을 끄는 별은 세페이드 변광성이었어요. 세페이드 변광성이란 맥박이 뛰는 것처럼 일정한 주기에 따라적 밝기가 변하며 반짝거리는 별이에요. 주기적으로 별 자체가 부풀어 올랐다 줄어들었다 하며 크기가 변하기 때문에 이런 현상이 일어나는 거지요.

피커링이 나한테 변광성을 찾아내라고 했을 때 어떤 특별한 기대를 한 것 같지는 않아요. 정말 단순하게 수많은 별들 중 밝기가 변하는 별만 찾아주길 바랐을 거예요. 난 그런 기대에 맞추어 하루 여덟 시간씩 근무하며 천문대 망원경으로 찍은 수많은 사진을 검사했어요. 그리고 1,800개에 가까운 세페이드 변광성을 찾아냈어요. 비록 사진으로 만나는 별들이지만 우리가 숨을 쉬듯 이 별들도 밝아졌다 어두워졌다 하며 살아 있다는 신호를 보내왔지요. 집으로 돌아오는 길에 밤하늘을 올려다보면, 어디선가 세페이드 변광성이 반짝거리며 말을 거는 것 같았어요.

어느 날 나는 놀랍게도 세페이드 변광성이 들려주는 이야기를 정말로 듣고야 말았어요. 이미 수많은 세페이드 변광성을 찾아냈고, 그날도 여전히 이 별을 찾으며 반짝이는 주기와 밝기 같은 자료를 기록하던 중이었지요. 문득 오랫동안 품어온 의문이 마음 속에서 고개를 쳐들었어요. '변광성이 반짝이는 주기가 별의 실제 밝기에 따라 달라지는 건 아닐까?'

난 이 의문을 해결하기 위해 소마젤란 성운이란 곳에서 찾아낸 세페이드 변광성 25개를 중점적으로 관찰했어요. 물론 피커링이 시킨 일을 다해놓고, 틈틈이 나름대로 연구를 한 거예요. 소마젤란 성운의 변광성들은 너무 멀리 있기 때문에 지구에서 거의 같은 거리에 있다고 볼 수 있어요. 이 별들에 대한 자료를 자세히 기록할 때 아주 날카롭게 하나의 생각이 스쳐지나갔지요. 의문을 해결하고 싶어하는 내 간절한 마음이 하늘이 전해주는 지혜와 닿는 순간이었어요.

내가 관찰한 25개 세페이드 변광성들은 반짝거리는 주기가 길어질수록 많은 빛을 내고 있었어요. 이 별들은 어차피 지구로부터 거의 같은 거리에 있어요. 어떤 별이 더 멀기 때문에 실제 밝기보다 어두워 보일 염려는 없어요. 그래서 내가 내린 결론은 반짝거리는 주기가 길수록 별의 실제 밝기도 밝다는 사실이었어요. 나는 그동

· 4부. 지금 하고 있는 일을 진정으로 사랑하다 ·

하버드 천문대에서 근무중인 계산원들

안 모은 수많은 관찰자료를 바탕으로 세페이드 변광성이 반짝거리는 주기와 실제 밝기가 비례한다는 사실을 하나의 공식으로 만들었어요. 나중에 사람들이 이것을 '리비트의 법칙'이라 불렀어요. 이제 어떤 세페이드 변광성이든 반짝거리는 주기만 관찰해 이 공식에 대입하면, 실제 밝기를 알아낼 수 있게 되었어요. 만일 반짝거리는 주기가 긴데도 어둡게 보이는 세페이드 변광성이 있다면, 그만큼 멀리 있기 때문이란 사실도 알게 되었어요.

우주의 비밀을
푸는 열쇠
:
나중에 에드윈 허블이란 천문학자가 안드로메다 은하를 관찰할 때 그 안에서 반짝거리는 세페이드 변광성을 보고, '리비트의 법칙'을 떠올렸어요. 그는 얼른 변광성이 반짝거리는 주기부터 관찰해 이 법칙에 대입한 뒤, 안드로메다 은하까지 거리를 구하는 데 성공했지요. 그 결과 안드로메다 성운은 우리 은하에 속하지 않고 그보다 더 멀리 떨어진 독립된 은하라는 것도 알아냈어요. 그런데 허블의 이런 발견으로 세상이 또 한 번 발칵 뒤집혔지요.

그때까지 사람들은 우리은하가 거의 모든 우주라고 믿었기 때문이에요. 그런데 허블이 알아낸 것은 우주는 우리은하보다 훨씬 크고, 여기서 더 나아가 부풀어오르고 있다는 사실이었어요. 많은 사람들은 허블의 발견에 충격을 받았지요. 그런데 이 놀라운 사실들을 알아낼 수 있었던 밑바탕에는 별까지 거리를 잴 수 있게 해준 '리비트의 법칙'이 있었어요. 허블은 나를 가리켜 우주의 크기를 결정할 수 있는 열쇠를 만들었고, 자신은 그것을 넣고 돌렸을 뿐이라고 평가했어요.

여성 과학자의 공을 가로채 자신의 업적인양 내세웠던 몇몇 남성 과학자들에 비하면, 허블은 인간에 대한 기본적 예의를 지킬 줄 알았던 사람인 것 같아요. 그에 비하면 하버드 천문대장이었던 피커링은 허블과 정반대였어요. 리비트의 법칙이 실린 내 논문을 자기 이름으로 발표하고, 중간에 리비트 양이 계산을 도왔다고만 밝혔어요. 내 업적을 가져다가 천문학자로서 자신의 명성을 쌓는 데 이용했지요. 만약 허블이 자신의 연구가 '리비트의 법칙'을 바탕으로 했다고 밝히지 않았더라면, 아직도 많은 사람들은 헨리에타 리비트란 천문학자가 있었다는 사실조차 몰랐을 거예요.

피커링은 로절린드 프랭클린의 DNA X선 사진을 몰래 가져다 쓴 왓슨과 비슷한 점이 많아요. 자신의 명성을 위해 아무렇지도 않게 거짓말을 하는 비양심적인 사람들이지요. 이런 비양심적인 사람 밑에서 값싼 임금을 받고 일하며 업적을 빼앗길 뻔한 것은 정말 억울한 일이에요.

다행히도 허블의 발견 덕분에 내 이름은 학계에 알려졌고, 나중에 노벨상 후보로 추천까지 받았어요. 비록 살아생전에 상을 받지는 못했지만, 죽은 뒤에도 내 이름을 딴 리비트 법칙은 길이길이 남아 천문학의 기초를 닦고 있어요. 리비트의 법칙 덕분에 우주의 크기를 잴 수 있는 길을 열었으니 이보다 더 보람 있는 일도 없을 거예요.

18

Pearl Kendrick(1890~1980), Grace Eldering(1900~1988)

세상을 바꾼 백일해 백신 개발자
펄 켄드릭과 그레이스 엘더링의 편지

켄드릭은 백신을 개발해 결코 부자가 되거나 유명해지지 않았다.
그녀가 가져간 소박한 대가는 수십만 명의 목숨을 구하는 것뿐이었다.
—리처드 레밍턴(미시건 대학 공중 보건 학교 교수)

1920년대 어린아이들에게 가장 무서운 질병은 무엇이었을까요? 이 시기엔 백신이 제대로 개발되기 전이라 디프테리아, 홍격, 결핵처럼 많은 전염성 질병이 어린아이들의 목숨을 빼앗아갔어요. 특히 공기를 통해 무서운 속도로 퍼지는 백일해에 많은 아이들이 희생되었지요. 그레이스 엘더링과 나 역시 어린 시절 백일해를 앓고 겨우 살아남았어요.

세계대전과 대공황으로 경제가 침체되어 백신 개발에 정부의 지원을 받기 어려웠던 시절, 그레이스와 난 무모해 보이는 일을 벌였어요. 자발적으로 백일해 백신을 개발해보기로 했지요. 하루 업무를 마친 뒤 등유 램프를 들고 백일해 환자가 있는 집을 찾아가 세균 샘플을 모으는 일부터 시작했어요.

어둠이 내릴 때 따뜻한 불빛이 넘실거리는 램프를 들고 이웃집 문을 두드리는 모습은 어찌 보면 낭만적이에요. 하지만 그 안에서 우리를 기다리는 것은 죽음과 싸우는 어린아이들이었어요. 대공황 때라 실직한 아버지가 발작적인 기침을 하는 아이를 돌보다가 우울증에 걸린 집도 많았어요. 백일해 환자의 집을 찾아다니는 것인지 우울증 환자의 집을 찾아다니는 것인지 구분하기 어려울 정도였지요. 매번 너무도 가슴 아픈 가정방문이었고, 그때마다 어떻게든 백신을 개발해 이 사람들을 도와주어야겠다는 생각밖에 들지 않았어요.

수많은 시도와 많은 사람들의 도움 속에서 백신은 성공적으로 개발되었고, 지금까지 전 세계 많은 어린이들의 목숨을 구하고 있어요.

그레이스와 난 많은 사람들이 필요로 하는 백신 개발자였기 때문에, 백신에 대한 우리의 권리를 주장하며, 명성과 부을 쌓으려고 했다면 얼마든지 그럴 수 있었어요. 하지만 우리는 어떤 권리도 주장하지 않았어요. 그리고 수많은 강연과 인터뷰, TV 프로그램 출연 요청도 거절했어요. 우리가 어떻게 백신 개발에 성공했고, 왜 그에 대한 아무런 권리도 주장하지 않았는지에 대해 지금부터 이야기해 볼게요.

치명적인 유행병에서
겨우 살아남은 아이들
:

나, 펄 켄드릭은 1890년 미국 일리노이 주 휘튼에서 태어났어요. 목사인 아버지가 교회를 옮길 때마다 가족이 함께 따라다녔지요. 주로 뉴욕 시에서 어린 시절을 보냈고, 세 살 때엔 무서운 유행병인 백일해를 앓았어요.

백일해는 공기 중으로 쉽게 전염되는 질병이에요. 이 병에 걸리면, 숨이 넘어가 '흡' 하는 소리를 낼 때까지 기침을 계속해. 백일 동안 기침이 계속된다는 의미에서 '백일해'라는 이름이 붙었지요. 두 살이 안 된 유아가 이 병에 걸리면 아주 위험해. 미국에서만 해마다 수천 명이 이 병 때문에 죽어갔어요.

난 생물학 공부를 좋아했고, 특히 진화에 관심이 많았어요. 생물이 몇 세대에 걸쳐 환경에 적응하면서 다른 종으로 변해간다니 정말 놀라웠어요. 식물보다는 동물에서 더욱 두드러지는 이런 현상을 좀더 깊이 공부해보고 싶어졌지요. 그래서 시러큐스 대학에서 동물학을 공부했어요. 대학을 졸업한 뒤엔 잠시 고등학교 과학교사로서 일했어요. 하지만 어린 시절부터 내 꿈은 생물을 연구하는 과학자가 되는 것이었어요. 꿈을 이루기 위해선 공부를 더 해야 할 것 같아 대학원에 진학해 세균학을 공부하기 시작했어요.

당시엔 제1차 세계대전 중이라 많은 남성 과학자들이 전쟁터로 떠난 상태였어요. 덕분에 여성 과학자들이 취직할 수 있는 빈자리가 많았지요. 1919년, 나는 뉴욕 주 보건부의 과학 연구원이 되었어요. 아침부터 저녁까지 과학자로서 연구할 수 있는 길이 열린 거예요. 더욱 기쁘게도 나를 이끌어주던 상사는 "펄, 당신은 앞으로 과학자로서 충분히 성장할 수 있을 거야."라는 칭찬으로 격려해주었어요.

소중한 파트너,
그레이스 엘더링
:
그의 말대로 나는 전문가로 성장해 더 큰 일을 감당하게 되었어요. 미시건 주 보건부 연구소의 최고관리자가 되었지요. 그랜드 래피즈에 있는 연구소에서 질병에 대해 연구했고, 사람들이 마시는 물과 우유가 해로운 미생물로 오염되지 않았는지 검사하는 일도 했어요.

한편, 연구소에는 직원들이 더 많은 공부를 할 수 있도록 시간을 내주고 학비를 지원해주는 제도가 있었어요. 난 이 제도를 활용해 1932년 존스홉킨스 대학에서 세균학 박사학위를 받게 되었어요.

내 연구의 소중한 파트너가 될 그레이스 엘더링을 만난 것도 이 연구소였어요. 과학 연구를 끝까지 성공적으로 해내려면, 다양한 지식을 활용하며 여러 가지 일을 한꺼번에 수행해야 해요. 그래서 대부분은 혼자 일하지 않고, 여러 과학자들이 각자의 전문 분야를 살려 조금씩 일을 나누어 하지요. 빨리 결과물을 내야 하는 경우일수록 여러 과학자들이 협동하는 것은 필수예요.

그레이스 엘더링은 1900년 미국 몬태나에서 태어났어요. 그녀도 나처럼 어릴 때 백일해를 앓고 살아남았어요. 그레이스는 의사가 되고 싶어 몬태나 대학에서 생물학과 화학을 공부했지만, 학비가 모자라 의학 공부를 포기해야 했어요. 잠시 교사로 일하던 중 미시건 주 보건부에서 자원봉사 연구원을 모집한다는 소식을 들었어요. 비록 질병을 치료하는 의사가 될 수는 없지만, 질병을 연구하는 과학자가 되는 방법이 생긴 거예요. 그런데 문제가 있었어요. 그레이스가 사는 몬태나 주는 서부였고, 미시건 주는 동부였어요. 안전된 직장을 버리고, 가족을 떠나 먼 곳으로 삶의 터전을 옮겨야 했어요. 그레이스는 심각하게 고민하지 않을 수 없었어요.

원래 과학계는 여성에게 문을 굳게 닫고 있었어요. 하지만 1차 세계대전 때 남성 과학자들이 전쟁터로 떠나자 여성들에게도 문을 열기 시작했지요. 전쟁이 끝난 후에도 여성들은 어렵게 자리잡은 직장에서 살아남았어요. 대공황이 몰려와 경제가 어려워지자, 남성보다 싼 임금을 주어도 되는 여성들을 고용해 잡다한 일을 시키려는 연구소가 많았기 때문이에요. 그레이스는 소중한 기회는 그리 자주 찾아오지 않는다는 것을 알았어요. 굳게 닫혔던 문이 열렸을 때 얼른 그 안으로 들어가야겠다는 생각이 들었어요.

마침내 그레이스는 과학 연구원으로 훈련받기 위해 내가 있는 연구소에 지원했어요. 실력도 뛰어났고, 성실했기 때문에 6개월 후엔 급여를 받는 정식 연구원이 되었지요. 학구열도 뛰어나 1941년 존스홉킨스 대학에서 박사학위도 받았지요.

1932년 연구소가 있는 그랜드 래피즈 지역에 백일해가 크게 번졌어요. 그레이스와 나는 전염성이 높은 이 질병을 예방할 백신을 개발하고 싶었어요. 백신은 병을 일으키는 세균이나 바이러스를 우리 몸이 스스로 방어할 수 있게 안전한 형태로 만들어놓은 거예요. 백신에 담긴 세균과 바이러스는 이미 충분히 약해졌기 때문에 우리 몸이 잘 싸워 이길 수 있어요. 그리고 그 과정에서 우리 몸은 세균과 바이러스를 물리치는 방법을 알게 돼요. 이런 경우 흔히 항체가 생겼다고 하지요. 다음 번에 똑같은 미생물이 체내로 들어오면, 이미 생긴 항체가 이들을 모두 물리쳐주지요.

우리가 백일해를 연구하겠다고 하자, 보건부에선 정규 업무를 마

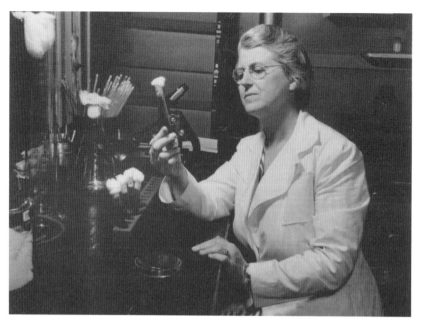
연구실에서 실험자료를 관찰중인 펄 켄드릭

치고 하면 괜찮다고 했어요. 다른 연구 업무가 너무 많았기 때문에, 우리가 그 일에만 매달리는 것은 원하지 않았던 거예요. 결국 우리는 백일해 연구를 늘 밤에만 해야 했어요. 당장 어떤 대가를 받는 것도 아니었고, 크게 인정을 받는 일도 아니었고, 심지어 퇴근 후 쉴 수 있는 시간도 포기해야 했어요. 하지만 그레이스와 난 과학자로서 이 일을 꼭 해내고 싶었어요. 우리는 둘 다 아주 어렸을 때 백일해를 앓고 겨우 살아남았어요. 미래에 태어날 아이들은 우리처럼 치명적인 질병을 앓지 않아도 되는 세상에서 살도록 해주고 싶었어요.

당장 우리에게 필요한 것은 백일해 세균 샘플이었어요. 지역 의사들에게 '기침판 샘플'을 모아달라고 부탁했어요. 이것은 환자가 작은 접시로부터 얼굴을 10~12cm 정도 떨어뜨려 놓고 기침을 한 거예요. 환자의 코와 입에서 튀어나온 점액이 판에 떨어지면, 그 안에 득시글거리는 백일해 세균을 얻을 수 있어요. 우리는 의사들이 주는 샘플을 기다릴 수 없었기 때문에, 퇴근 후엔 그랜드 래피즈를 돌아다니며 기침 환자가 있는 집의 문을 두드렸어요. 그리고 환자의 기침 분비물 채취해 연구실로 가져와 분석했지요.

이때 환자의 집을 방문하면서 치명적인 질병과 가난의 현장을 보았어요. 전쟁과 공황을 겪으며 비참하게 살아가는 서민들의 집에서는 백일해에 걸린 아이들이 숨이 넘어갈 때까지 기침을 하고 있었지요. 제대로 먹지도 못한 채 빨개진 얼굴로 기침을 하다가 토하는 아이도 있었어요. 대부분 일자리를 잃은 아버지들은 그런 자녀를 바라보며 한없이 우울한 얼굴을 하고 있었어요. 우리는 어떻게든 효과적인 백신을 개발해 이들 가정에 드리운 불행의 그림자를 걷어주어야겠다고 마음을 굳혔어요.

백신 개발은 계속되었고, 추가 자금이 절실히 필요했어요. 나는 영부인 엘레노어 루스벨트 여사를 실험실에 초청했어요. 놀랍게도 루스벨트 여사는 이 초대를 받아들여 열세 시간 넘게 함께 지내며 내 설명을 들었어요. 남편인 루스벨트 대통령이 소아마비를 앓았기 때문에 영부인은 전염성 질병에 관심이 많았어요. 그녀는 내 연구를 높이 평가하며 자금을 모아주기로 했지요.

나는 고아를 신약 실험 대상으로 삼던 기존의 연구방법을 바꾸고 싶었어요. 사람에게 안전한 약품이라 해서 부모도 없는 아이들에게 무조건 투약하고 싶지는 않았어요. 부모의 동의를 받아 그 보호 아래에서 정당하게 실험하고 싶었지요. 영부인은 이 의견에도 동의해 정부에 검토를 요청했어요.

여성들로만 이루어진
최강의 백신팀
:

이후 우리가 진행하는 백신 실험에 4,000명이 넘는 지역 어린이들이 참여했고, 백신 접종을 받은 아이들은 즉시 백일해에 대해 강한 면역력을 보였어요. 그리고 우리 두 사람도 스스로에게도 백신 주사를 놓으며, 실험에 참여했어요.

백신이 안전하고 효과적이라는 사실이 확실해졌지만, 난 여기에서 멈추지 않았어요. 백신 연구 분야에서 로니 고든이라는 아프리카계 미국인 여성이 뛰어난 실력자라는 소문을 들었어요. 하지만 그녀 역시 여성인데다가 흑인이라서 정당한 대우를 받지 못하고 있었어요. 나는 얼른 그녀를 우리 연구소로 데려와 좀더 강력한 백일해 백신을 개발하는 팀에 합류하도록 했어요.

우리 팀 연구원들은 모두 여성들이었고, 심지어 그중 한 명은 흑인이었지요. 어찌보면 마이너리그 선수들로만 이루어진 팀 같았어요. 실력이나 경력이 모자라지 않은데도 싼 임금과 대우를 받았다는 면에서 완전 마이너리그였지요.

우리 팀은 로니를 영입하면서 신제품 개발에 박차를 가했어요.

로니는 백일해 세균을 더 잘 자라게 할 수 있는 배양액을 개발했고, 수천 개의 기침판을 검사해서 더욱 치명적인 백일해균을 찾아냈어요. 덕분에 아주 강력한 백신이 완성되었고, 이제 백일해는 거의 완벽하게 예방할 수 있는 질병이 되었지요. 우리가 만든 백신은 지금까지 1500만 명이 넘는 생명을 구한 것으로 인정 받고 있어요.

1942년에는 주사 맞는 것을 너무도 싫어하는 아이들을 위해 3개의 백신을 단일 주사로 결합했어요. 디프테리아, 백일해, 파상풍을 결합한 DPT 백신이 바로 그것이죠. 이후, 그레이스와 나는 영국, 멕시코, 중남미, 미국 등지에서도 백신을 만들어 접종할 수 있도록 도왔어요. 매일밤 보수도 받지 않고, 기침판을 모으러 돌아다니며 고생해서 만든 백신 덕분에 전 세계 어린이들이 백일해의 공포로부터 벗어났다는 사실을 생각하면 지금도 정말 기뻐요. 간혹 우리가 이 백신에 대한 특허를 냈더라면 백만장자가 되었을 거라고 말하는 사람들도 있어요. 하지만 무수한 시민들과 자원봉사자들의 도움으로 만들어낸 백신이기 때문에, 그럴 생각은 손톱만큼도 없었어요. 우리 두 사람은 누구도 이 일로 칭찬받기를 원하지 않았고, 개인적인 인터뷰도 거의 하지 않았어요.

마지막으로, 그레이스가 평소 어떤 자세로 일했는지에 대해 남긴 말을 독자 여러분들에게 꼭 들려주고 싶어요.

"난 늘 명심하고 있었어요. 남성들이 주름잡는 분야에 여성이 끼어들려면, 항상 무엇이든 조금이라도 잘 해야 해요."

19

Hedy Lamarr(1914~2000)

배우이자 와이파이 발명가
헤디 라마의 편지

사람의 외모보다 흥미로운 것은 두뇌이다.
— 헤디 라마

살면서 내가 들었던 가장 지겨웠던 말은 '세상에서 가장 아름다운 여성'이라는 칭찬이에요. 물론 어렸을 때는 이런 칭찬이 좋아서 더 아름다워지고 싶었고, 이 아름다움을 많은 사람들 앞에서 뽐내고도 싶었어요.

난 결혼을 여러 번 했어요. 누구든 내 아름다운 외모에 반할 거라고 믿었기 때문에 언제든 더 좋은 남자를 만날 수 있다고 생각했지요. 그래서 현재의 관계에 최선을 다하지 않았어요. 게다가 마음 한구석엔 '나처럼 아름다운 여성은 공주처럼 대접받고 살아야 한다.'는 이상한 생각도 했어요. 그래서 남편이 조금이라도 나를 떠받들지 않는다 싶으면 더 잘 해줄 사람을 찾아 떠났어요.

아무리 미인이라도 나이가 들면 변해요. 피부는 늘어지고 쭈글쭈글해지지요. 난 예전의 아름다움을 찾기 위해 끊임없이 성형을 했어요. 물론 젊음은 되돌아오지 않았고 나는 사람들의 눈을 피해 외롭고 불행하게 늙어갔어요.

내가 예쁘지 않았더라면 더 행복했을 것 같아요. 어렵게 주파수 도약 시스템을 발명했을 때도 사람들이 좀더 진지하게 내 업적에 주의를 기울여주었을 거예요. 당시 사람들은 아름답고 화려한 내 얼굴을 보느라, 그 뒤에 발명가의 두뇌가 있다는 것을 믿으려 하지 않았어요.

얼굴은 늙고 시들어도 두뇌는 시간이 흐를수록 지혜로워져요. 그동안 쌓아놓은 지식들이 통합되어 주파수 도약 시스템을 발명하기도 하고, 상대방이 무슨 말을 하면 그 이면에 감춰진 본심을 대번에 알아차리기도 해요. 젊었을 때는 이해하지 못했던 것들도 알아차릴 수 있게 되니 마음도 한결 넓어져요.

지금부턴 아름다운 얼굴에 가려 빛을 보지 못했던 내 두뇌의 이야기를 들려줄게요. 오늘날 사람들에게 와이파이라는 어마어마한 선물을 가져다준 내 삶의 이야기 말이에요.

발명에 관심 많은
절세미인
:
나는 1914년 오스트리아 비엔나에서 태어났어요. 우리집은 가톨릭으로 개종한 유대인 가정이었어요. 은행장이었던 아버지는 무엇이든 스스로 생각하고 결정하라는 말을 자주 하셨어요. 이 말은 훗날 내가 일을 선택하고, 결혼 생활을 하는 데 큰 도움이 되었어요.

난 기계가 어떻게 작동하는지 알아내는 것을 좋아했어요. 특히 오르골을 뜯어서 놀다보면 시간 가는 줄도 모를 정도였어요. 피아니스트인 엄마의 영향을 받아 음악도 좋아했고, 무용도 열심히 배웠어요. 열두 살 때는 공주처럼 예쁘게 꾸미고 무대에 서는 게 좋아 미인 대회에 나가 우승도 했어요.

어느 날 엄마가 날 처음으로 영화관에 데려갔어요. 은막을 누비며 관객을 웃기고 울리는 배우들이 정말 멋지게 보였어요. 관객을 향해 미소 짓는 여배우의 아름다운 얼굴을 바라볼 때에는 멍하니 할 말을 잃었지요. 나도 그녀처럼 화려한 여주인공이 되어 박수갈채를 받고 싶다는 생각이 들었어요.

부모님은 처음에 내가 배우가 되는 것을 반대하셨어요. 하지만, 비엔나의 신문들이 '그림보다 아름다운 눈을 가진 세상에서 가장 예쁜 소녀'라고 칭찬하는 기사를 싣자, 조금씩 변하기 시작하셨어요. 결국 딸이 '스스로 내린 결정'을 존중해 내 꿈을 인정해주기로 하셨지요.

열여섯 살이 되자 나는 베를린으로 건너갔어요. 당시 베를린은 유럽 영화산업의 중심지였어요. 난 좀더 큰 무대에서 인정받고 싶어졌어요. 우선은 연기를 제대로 배우기 위해 독일의 위대한 연출가 막스 라인하르트의 극단에 들어갔지요. 아주 작은 역부터 맡아 열심히 연기 공부를 한 뒤 영화계로 진출했고, 스무 살도 되기 전에 주연급 배우로 발돋움했어요. 열일곱 살 때 처음으로 주연을 맡은 〈엑스터시〉란 영화는 나의 화려한 미모와 과감한 연기로 큰 화제를 불러일으켰어요.

그때 난 어려서 세상 물정을 잘 몰랐어요. 가끔 자신의 이익을 위해 거짓말을 하는 어른들도 있다는 것을 〈엑스터시〉를 찍고 나서야 깨달았지요. 당시 난 어떻게든 영화배우로 성공하고 싶었고, 처음 맡은 주연이니까 누구보다 잘 해내고 싶었어요. 그래서 감독이 시키는 것은 무엇이든 하려고 했어요.

〈엑스터시〉의 대본에는 옷을 입지 않은 채 숲속을 뛰어가는 장면이 있었어요. 아주 멀리서 찍으면 잘 보이지 않는다는 감독의 말을 믿고, 촬영에 임했어요. 하지만 시사회에서 보니 벌거벗은 내 모습이 너무 또렷하게 보였어요. 난 쥐구멍에라도 숨고 싶을 정도로 부끄러웠고, 다음날부턴 집밖으로 나가기가 두려웠어요. 모두 나를 향해 손가락질하는 것만 같았지요. '영화사상 최초의 나체 연기'라는 제목 아래 나에 대한 기사가 일간지에 크게 실렸고, 미국에선 엑스터시를 상영금지시켰어요.

내 인생의 주인공이
되기로 결심
:

이때 나보다 열세 살 많은 프리드리히 멘들이 청혼을 했어요. 그는 무기제조업자였고, 오스트리아에서 세 번째로 부자였어요. 부모님은 딸이 연기를 하면서 사람들의 입방아에 오르내리기보다는 부잣집 사모님으로 조용히 살아가길 원하셨어요. 그래서 멘들과 결혼하라고 날마다 나를 설득했고, 나도 잠시 연기를 쉬며 〈엑스터시〉의 충격에서 벗어나고 싶었어요. 매일 꽃과 선물을 바치는 멘들과 결혼해 여왕처럼 살아보는 것도 재미있을 것 같았어요. 결국 나는 나이 많은 무기제조업자의 아내가 되었지요.

그런데 결혼해보니 생각지도 못한 큰 문제가 있었어요. 멘들은 내가 배우로 활동하는 것을 정말 싫어했어요. 〈엑스터시〉의 필름을 모두 사들여 태워버렸다는 소문이 돌 정도였어요. 그는 내게 다시는 연기를 하지 말라고 못박아 말하기도 했어요. 그리고 커다란 성을 사주며, 그 안에서만 생활하라 했지요. 그 성은 영화 〈사운드 오브 뮤직〉의 배경이 될 만큼 멋지고 아름다웠지만, 내 생활은 그리 아름답지 못했어요. 멋진 성, 화려한 보석, 말 잘 듣는 하인과 수많은 드레스 등 젊은 여성이라면 누구나 원하는 많은 것을 주었지만, 결코 자유를 주지 않는 남편 때문이었어요. 나는 아주 사소한 물건 하나도 허락을 받아야만 살 수 있었고, 성 밖으로 나가는 것도 허락을 받을 때만 가능했어요.

남편은 자주 성대한 파티를 열어 유명인사를 초청했어요. 그때마다 내가 예쁘게 꾸미고 활짝 미소 지으면서, 자신이 초청한 손님들에게 환심을 사기를 바랐어요. 특히 히틀러나 무솔리니 같은 독재자들을 구워 삶아 그들에게 무기를 팔려고 했지요.

유대인인 나는 그중에서도 히틀러가 정말 싫었어요. 그는 수많은 유대인들을 괴롭히고 학살하는 악마 같은 존재였어요. 남편이 그런 히틀러 정권에 잘 보여 부를 쌓고 있다는 사실은 정말 충격적이었지요. 돈을 벌기 위해서라면 아무리 악한 독재자에게도 무기를 팔 수 있는 사람이 남편이었어요. 나는 차츰 내 결혼이 잘못된 선택이었다는 생각이 들기 시작했어요.

스무살이 되었을 때 난 아버지의 말처럼 스스로 생각하고 생각한 끝에 결단을 내렸어요. 내 인생에서 누구보다 지독한 독재자로

영화 〈삼손과 데릴라〉에 출연중인 헤디 라마

군림하는 남편에게서 벗어나기로 말이에요. 그리고 팬들이 나를 완전히 잊어버리기 전에 영화배우로 돌아가기로 마음먹었어요.

성에서 도망쳐 나오려면, 치밀하게 작전을 짜야 했어요. 우선 나와 키나 몸무게가 비슷한 하녀를 골라 전날 미리 수면제를 좀 먹였어요. 아주 조금 늦잠을 잘 정도로만 먹여서 내 방에서 곯아떨어지도록 내버려두었어요. 그리고 이른 아침에 하녀의 옷을 빼앗아 입고 신분증을 훔쳐 기차역으로 갔어요. 이미 오래전부터 난 정오가 될 때쯤 일어나는 걸로 해두었기 때문에 해가 중천에 뜰 때까진 아무도 날 찾지 않았지요.

파리행 기차를 기다리는 동안 갑자기 남편이 돌아와 나를 찾기라도 할까봐 얼마나 조마조마했는지 몰라요. 다행히 아무에게도 들키지 않고 무사히 파리행 기차에 올랐어요. 그리고 파리를 거처 런던으로 도망쳤고, 마지막엔 자유의 땅 미국으로 건너갔지요. 남편이 고용한 사람들에게 들켜 납치라도 당할까봐 늘 불안에 떨며 지내기는 했지만, 난 무사히 미국 사회에 정착했어요. 큰 영화사 사장과 협상을 벌여 처음부터 영화의 주연 자리를 얻어냈지요. 곧 배우로서 내 인기는 하늘로 치솟았고, 나는 남편도 어떻게 하기 어려울 만큼 영향력 있는 사람이 되었어요. 게다가 미국 정부는 날 보호해줄 만큼 막강한 힘을 가지고 있었지요.

난 미국 여성들이 가장 닮고 싶은 얼굴 1위에 오를 정도로 선망의 대상이 되었어요. 유명한 남성 배우들은 나의 상대역이 되어 내 아름다움이 더욱 빛나도록 도와주었지요. 〈삼손과 데릴라〉를 포함해 30편이 넘는 영화에 출연했고, 디즈니는 내 얼굴을 본떠서 〈백설공주〉라는 캐릭터를 만들었어요.

그런데 내겐 연기말고도 또 다른 관심사가 있었어요. 바로 발명이었어요. 아무리 밤늦게 집에 들어와도 바로 자지 않고, 작업대에 앉았어요. 공학 서적을 읽으며 발명품을 만들기 위해서였지요.

취미로 내가 발명한 것들은 상품으로 팔리진 않았지만, 훗날 '비밀 통신 시스템'을 개발하는 데 밑거름이 되었어요. 내 발명품 중에는 오늘날 발포 비타민처럼 물에 넣으면 과일맛 탄산음료가 되는 정제, 신호등의 색깔 변화를 미리 알려주는 장치 등이 있었어요. 항공 업자 하워드 휴즈에겐 물고기와 새의 유선형을 합친 새로운 비행기 날개 모양을 제안하기도 했어요.

어느 날 전쟁 고아 몇백 명이 탄 배가 독일군의 공격을 받아 침몰할 뻔한 일이 벌어졌어요. 신문에서 아이들의 얼굴을 본 순간, 오스트리아에 있는 가족들이 떠올랐어요. 유대인인 그들이 과연 무사할지 걱정되었지만 소식을 들을 길이 없었어요. 그러던 중 미군이 유럽으로 보내는 군수품을 실은 배가 독일군의 어뢰를 맞아 침몰했다는 소식도 들렸어요. 유대인을 학살한 독일군이 전쟁에서 이기게 된다면 세상은 너무 무서운 곳이 될 거예요. 특히 나 같은 유대인은 죽거나 수용소에 끌려가게 될지도 몰라요. 난 어떻게든 제2의 조국인 미국에게 도움이 되고 싶었어요.

당시 해군의 배와 어뢰가 주고받는 무선 통신은 하나의 주파수를 사용했어요. 적군이 주파수를 알아내기만 한다면, 엉뚱한 명령을 내려 어뢰의 공격 방향을 바꿀 수도 있었어요. 독일군이 그런 방식으로 방해 신호를 보냈기 때문에 미 해군의 어뢰는 제대로 공격도 못 하고 당하는 경우가 많았지요. 그런데 내게 독일군의 방해를 막아낼 아이디어가 어렴풋이 떠올랐어요. 사실 이 아이디어의 출발점은 멘들과 결혼생활을 할 때부터 시작된 거예요. 평소 기계에 관심이 많았던 나는 우리집에 찾아온 무기 제조업자들과 군인들이 하는 이야기를 잘 들어두었거든요. 적군이 어떤 식으로 무선 주파수를 도청해 적을 혼란에 빠뜨리는지를 알고 있었어요. 그래서 이런 도청을 피해갈 비밀통신 시스템을 발명해야겠다는 생각이 들었어요.

'라머가 없었다면
구글은 없었다'
:
어느 날 파티에서 우연히 조지 앤타일이란 사람을 알게 되었어요. 그가 한때 무기 검사관이었다는 이야기를 듣고, 평소 관심 있었던 '어뢰를 무선으로 조종하는 법'에 대한 이야기를 꺼냈어요. 평소

실험에 열중하는 헤디 라마

조지는 국제 문제에도 관심이 많았기 때문에 내 이야기에 큰 흥미
를 보였지요.

서로 말이 통하는 사람을 만난다는 것은 그가 남성이든 여성이
든, 나이가 많든 적든 기쁜 일이지요. 조지는 처음 나와 이야기를
나누게 되었을 때 깜짝 놀랐다고 했어요. 자신이 생각했던 것보다
내가 너무 똑똑했기 때문이에요. 그는 "멍청한 헤디 라마는 영화사
가가 만들어놓은 이미지였어. 예쁜 여자는 멍청할 때 더 매력적으
로 보인다는 편견이 당신을 그렇게 보이도록 만든 거야."라고 했어
요. 그리고 나를 '지적인 작은 거인'이라 불렀지요.

나는 적이 무선 통신을 도청하지 못하도록 '주파수를 계속 바꾸
면 어떨까?' 하는 생각을 했어요. 수시로 바뀌는 주파수를 적국이
쉽게 찾지 못한다면 설령 메시지의 일부를 도청당했다 해도 별 문

233

라마와 앤타일

제가 되지 않아요. 이미 새로운 주파수로 건너가 정보를 보내고 있기 때문에 적군은 메시지의 내용을 온전하게 알아낼 수 없지요. 그런데 이런 일을 하려면, 하나의 주파수를 여러 개로 나누어 수시로 바꾸며 통신할 수 있는 새로운 기술이 필요했어요. 나는 이것을 '주파수 도약'이라 불렀어요.

이 기술을 실제로 사용할 수 있게 만드는 데는 조지의 아이디어가 큰 도움이 되었어요. 이미 여러 대의 피아노를 무선으로 조정해본 적이 있는 조지는 내가 무슨 말을 하는지 금방 알아들었어요. 조지는 16대의 피아노가 한꺼번에 자동 연주되는 장치를 만든 경험이 있었어요. 조지의 피아노들은 피아노롤이라는 두루마리에 규칙적으로 뚫린 구멍을 하나의 신호로 받아들여 자동연주를 했어요. 구멍이 뚫린 모양이 같으면, 그 모양에 따라 16대의 피아노가 같은 곡을 연주하는 원리였어요.

조지와 나는 연애를 한다고 오해를 받을 정도로 자주 만나 무선으로 16대의 피아노를 연주했던 기술을 주파수 도약에 응용할 방법을 연구했어요. 우리가 개발하려는 것은 배와 어뢰가 서로 짝을 이루어 둘이서만 정보를 주고받는 기술이었어요. 그들이 서로 짝을 이룰 때 함께 공유할 주파수는 피아노롤과 같은 장치에 기록된 명령에 따라 수시로 바뀌게 돼요. 정보를 보내는 쪽과 받는 쪽만 동시에 같은 주파수를 사용할 수 있기 때문에, 그 사이에 누군가 끼어들기가 어렵지요.

결국 우리는 피아노의 음을 바꾸듯 무선 신호를 위한 주파수를 수시로 바꾸는 데 성공했어요. 그리고 1942년 이 기술에 대해 특허를 받았지만 당시 기술로는 당장 제품으로 만들기 어려웠어요. 처음에 조지는 사람들이 우리가 만든 기술에 고마워할 것이고, 우리는 곧 큰 부자가 될 거라고 예상했어요. 하지만 예상은 크게 빗나갔고, 전쟁 동안 아무도 우리의 발명품을 사용하지 않았어요. 더 나쁜 소식이 들려왔어요. 주파수 도약 기술이 중요하다는 것을 알아차린 미국방부가 이것을 '군사기밀'로 분류해서, 발명가 자신을 포함해 누구도 쓰지 못하게 했다는 거예요. 우리는 크게 실망했고, 심지어 일부 사람들이 비웃는 바람에 더욱 상처를 받았어요. 그들은 발명의 내용에 대해선 알아보려고도 하지 않고, "음악가와 배우가 함께 발명을 했다고?"라며 그저 재미있어 했어요.

그로부터 40년 후 그대로 잊혀질 뻔했던 조지와 나의 발명은 미국방부가 기밀해제를 하면서 다시 세상의 빛을 보게 되었어요. 그 사이에 트랜지스터란 부품이 개발되어 우리의 아이디어는 여러 전자제품들끼리 신호를 주고받는 데 아주 유용하게 쓰이게 되었지요. 그리고 GPS, 와이파이, 블루투스 등 다양한 무선 이동 통신이 탄생하는 데 기초가 되기도 했어요. 오늘날 가치로 따지면, 34조의 수익을 올릴 수 있는 기술이라고 해요. 하지만 정작 조지와 나에겐 한 푼의 이익도 돌아오지 않았어요. 왜냐하면 특허권 유효기간이 지났기 때문이에요.

다행인 것은 1997년 전자선구자 재단에서 조지와 나에게 상을 주었어요. 그래도 우리가 한 일을 기억하고 인정해주는 사람들이 있다니, 정말 기뻤어요. 그리고 내가 죽은 뒤 14년이 흐른 2014년에 국립 발명가 명예의 전당에 내 이름이 올라갔어요. 2015년 구글은 헤디 라마 탄생 101주년을 맞아 '라머가 없었다면 구글도 없었다'라고 헌사를 바쳤어요. 세상이 나를 영화배우나 감독으로보다는 발명가로서 기억해주니 더 기뻤어요. 사실 난 연기를 할 때보다 발명을 할 때가 더 좋았거든요.

20

Eugenie Clark(1922~2015)

상어 연구에 평생을 바친
동물학자 유지니 클라크의 편지

나는 남자였고, 유지니 클라크보다 더 젊었지만,
결코 그녀를 따라갈 수 없었다.
바닷속에서 그녀는 물이 흐르는 속도로 나아갔다.
— 데이비드 두빌레(수중 사진 작가)

어렸을 때 나의 가장 큰 꿈은 바닷속에서 상어와 함께 헤엄치는 것이었어요. 상어가 무섭지 않냐고요? 전 세계에서 발견된 상어는 400여 종이지만 그중에서 식인 상어는 단 몇 종에 지나지 않아요. 그리고 상어뿐만 아니라 어떤 동물도 특별한 경우가 아니면 먹이가 아닌 것을 먼저 공격하지 않아요. 게다가 난 젊었을 때부터 바닷가 부족들 사이에서 '창을 든 여전사'로 이름이 높았어요. 아무리 사나운 동물이라도 창으로 먼저 공격해 이길 능력이 있었지요. 물론 내 몸집보다 큰 상어를 공격한 적은 없어요. 상어들이 잠든 수중 동굴에 들어가 살며시 쓰다듬어준 적은 있지만 말이에요.

바닷가 부족들은 주로 남성들이 창을 들고 사냥하기 때문에 여자인 내가 창을 들고 뛰어들어 사냥하면 모두 신기해했지요. 게다가 어떤 남성들보다 사냥 기술이 뛰어났기 때문에 그들의 존경을 한몸에 받았지요. 그들은 외부 사람에겐 결코 알려주지 않던 해양 생물 서식지를 내게 기꺼이 알려주기도 했어요.

일본 근처 수중 동굴에서 상어를 관찰할 때도 관계자로부터 장소에 대한 비밀을 꼭 지켜달라는 부탁을 받았어요. 그는 만일 상어가 잠자는 동굴이 어디 있는지 알게 된다면, 너도나도 상어고기를 먹어치우기 위해 달려올 거라고 했지요.

물론 난 연구에 꼭 필요한 경우에만 사냥을 했고, 대부분은 바닷속 친구들과 함께 헤엄치며 그들의 놀라운 생명력에 감탄했어요. 그런데 내가 회를 즐겨 먹는다는 이유로 내가 해양동물을 진정으로 사랑하지 않는다고 주장하는 사람도 있었어요.

글쎄. 우리가 자연을 사랑한다고 해서 쌀로 지은 밥, 밀가루로 만든 빵, 찻잎으로 우린 차를 안 먹는 것은 아니잖아요? 항상 정도를 지나쳐 욕심을 내어 먹는 것이 문제예요. 난 해양동물을 사랑하기도 하지만, 서로 먹고 먹히며 어우러져 살아가는 이 생태계를 사랑해요. 사랑한다는 것은 그만큼 관심을 가지는 것이고, 그가 무엇을 원하는지 알아주는 거예요. 난 상어를 사랑했고, 상어가 무엇을 원하는지를 알았기 때문에 최초로 상어를 훈련시킨 사람이 될 수 있었어요.

수족관이라는
신기한 세계
:

난 1922년 뉴욕에서 태어나고 자랐어요. 미국인인 아빠와 일본인인 엄마의 특징을 골고루 물려받았어요. 고등학교를 다닐 때까지 우리 학교에서 일본계 혼혈인은 늘 나 혼자였어요. 두 살 때 아버지가 돌아가신 이후 엄마는 가족의 생계를 책임져야 했어요. 주말에도 일하느라 나와 놀아주지 못했어요. 학교에도 가지 않는 날엔 집에서 할머니와 하루종일 심심하게 보내야 했지요. 할머니도

바닷속을 조사중인 유지니 클라크

나를 돌보느라 힘들어하셨어요.

결국 엄마는 공휴일엔 일터까지 나를 데려가기로 했어요. 나는 엄마와 함께 있는 것만으로도 좋아서 얼른 따라나섰지요. 처음엔 엄마가 신문과 잡지를 파는 뉴스 스탠드 근처에서 나 혼자 놀았어요. 낯선 거리와 사람들을 구경하다 보면 시간이 금세 흘렀어요. 하지만 그렇게 몇 주가 지나가고, 거리가 차츰 눈에 익자 그곳에서 혼자 노는 것도 지루해지기 시작했어요. 어느 날 그런 내 마음을 알아챈 엄마가 근처 수족관으로 나를 데려갔어요.

난 그때 아홉 살이었고, 수족관은 태어나서 처음이었어요. 초록색 물이 끝없이 펼쳐지는 수족관의 물탱크는 정말 신기한 세계였어요. 그 안에서 헤엄치는 다양한 물고기들을 보고 첫눈에 반했지요. 물고기들을 좀더 가까이서 보기 위해 탱크에 둘러쳐진 난간 위로 몸을 기울이고 수족관 유리에 얼굴을 바짝 갖다대보았어요. 마치 바닷속에 들어와 있는 기분이 들었어요. 나는 바다 밑바닥을 걷는 것처럼 발끝으로 바닥을 디디며 흉내냈어요. 그때 매끈하게 유선형으로 쭉 뻗은 몸통을 부드럽게 흔들며 상어가 눈앞으로 지나갔어요. 순간 상어와 함께 헤엄칠 수만 있다면, 얼마나 좋을까 하는 생각이 들었어요.

그날 이후 난 토요일마다 수족관을 찾아가 물고기들을 관찰하느라 시간 가는 줄 몰랐어요. 학교에 자유롭게 내는 보고서도 해양생물을 주제로 삼은 것들이 대부분이었어요. 어느새 내 꿈은 물고기를 연구하는 어류학자가 되는 것이었지요. 그리고 그해 크리스마스 선물로 커다란 어항을 사달라고 엄마를 졸랐어요. 처음에 엄마는 좁은 아파트에 어항 둘 데가 어디 있느냐며 난감해하셨어요. 하지만 결국 딸의 고집을 꺾지 못하고, 부탁을 들어주었어요. 막상 물고기를 키우기 시작하자, 엄마도 점점 이 작은 생명체들을 아주 좋아하게 됐어요. 퇴근길에 자주 흰 상자를 가지고 돌아오셨는데, 그 안에선 물고기 한두 마리가 헤엄치고 있었지요. 아마 그날 엄마는 점심을 굶으셨을 거예요. 애완동물 가게에 물고기 값을 지불해야 했으니까요.

동물에 관심이 많은 난 파충류도 몇 마리 키우기 시작했고, 결국 비좁은 아파트 구석구석에 물고기와 파충류의 집들이 늘어서게 되었어요. 그리고 이 즈음 '퀸즈카운티 수족관 협회(Queens County

Aquarium Society)'의 가장 나이 어린 회원이 되었지요.

거대한 상어의
아름다움
:

어린 시절 내게 가장 큰 영향을 끼친 작가는 조류, 해양생물, 곤충 등을 연구하는 자연과학자이자 탐험가인 윌리엄 비브였어요. 그는 인류 최초로 잠수 장비를 타고, 바닷속 900미터를 지난 곳까지 내려간 사람이에요. 그가 탔던 장비는 강철로 만든 공처럼 생긴 한 '배시스피어'였어요.

당시 헬멧을 쓰고 다이빙을 하면, 바닷속 30미터 이상은 내려가기 어려웠어요. 어렵게 잠수함에 탄다 해도 바닷속 200미터도 채 내려가지 못했지요. 게다가 잠수함엔 유리창이 없어 바닷속 관찰이 불가능했어요.

비브도 처음엔 헬멧을 쓰고 바닷속을 관찰했어요. 그러다 신비로운 해저 세계에 반해 점점 더 깊이 들어가보고 싶어졌어요. 그래서 오티스 바톤이란 사람의 도움을 받아 바닷속 깊이 내려갈 수 있는 '배시스피어'를 만들었지요.

비브가 쓴 책을 읽으며, 나도 그런 장비를 타고 바닷속으로 내려가는 상상을 해보았어요. 생각만으로도 너무 행복했어요. 언젠가는 비브처럼 깊은 바닷속으로 들어가 해양생물들을 관찰해보리라 마음을 굳혔어요. 특히 상어와 함께 헤엄치는 꿈을 꼭 이루어보고 싶었어요.

난 동물에 대해 정말 큰 호기심을 느꼈어요. 상어나 여러 가지 해양동물에 대한 책을 읽다가, 결국 궁금증을 이기지 못하고 직접 동물을 해부하기도 했어요. 어느 날 친하게 지내는 애완동물 가게 주인 아저씨가 죽은 원숭이 한 마리를 주었어요. 그것을 집에 가져 가서 상하거나 냄새가 나지 않도록 우선 냉장고에 집어넣었어요. 나중에 해부를 하려고 했는데, 그전에 할머니에게 들키고 말았지 요. 할머니는 처음에 놀라서 비명을 질렀고, 범인이 나라는 것을 알 고 크게 화를 내셨지요. 평소에도 비좁은 집에서 동물 키우는 것을 못마땅하게 여겼는데, 해부를 할 거라고 하니 더 이상 참기 어려우 셨던 것 같아요. 게다가 상어와 헤엄치며 연구하는 어류학자가 되 고 싶다고 하니까 여자는 그런 위험한 일을 해선 안 된다고 하셨어 요. 할머니는 내가 좋은 주부가 되거나 타이핑을 잘 하는 비서와 같 은 직업을 가지길 바랐어요. 항상 내 편이었던 엄마도 이번엔 나를 타일렀어요.

"유지니, 여자가 어류학자가 되긴 어려워. 하지만 만일 타이핑을 배우면, 유명한 어류학자의 비서가 될 수 있을 거야."

그래도 난 어류학자가 되겠다는 꿈을 포기하지 않았어요. 내가 여성이고, 집이 가난하니 학자로서 성공하기 어렵다는 것쯤은 나 도 잘 알고 있었어요. 하지만 해보지도 않고 포기하는 것은 어리석 은 일이에요. 동물에 대한 끝없는 호기심과 사랑을 만족시킬 수 없 는 일이라면, 그 어떤 것도 하고 싶지 않았어요.

잠시 물 위 보트 난간을 붙잡고 쉬는 중인 유지니 클라크

나는 틈틈이 대학 연구실을 찾아가 동물 가죽 벗기는 일을 배웠어요. 그리고 동물의 뼈를 관찰하기 위해 죽은 쥐를 냄비에 넣고 끓이다가 할머니로부터 부엌 출입금지를 당하기도 했어요. 어쨌든 나는 비서가 되지 않았고, 헌터 대학에서 동물학을 공부했어요. 졸업한 뒤, 전공을 살려 일자리를 구하기는 쉽지 않았어요. 그런데 내 학비를 대느라 엄마가 모아놓은 돈을 거의 다 썼기 때문에 당장 일을 해야만 했어요. 그래서 우선 뉴저지에 있는 플라스틱연구소 화학 연구원으로 취직했어요. 하지만 늘 동물학 분야의 일을 하기 위해 길을 찾고 있었지요.

1946년 내가 스물네 살 때 드디어 원하는 분야로 발을 들여놓게 되었어요. 유명한 어류학자 칼 허브스 박사를 돕는 연구원으로 일하지 않겠느냐는 제안이 들어왔거든요. 나는 아주 기뻐하며 이 자리를 받아들였지요. 이때 처음으로 해양생물을 조사하기 위해 다이빙 헬멧을 쓰고, 바닷속으로 뛰어들었어요. 드디어 바다 밑바닥을 걸어보게 된 거예요. 발을 디딜 때마다 모래가 흩어졌고, 커다란 바위에 뚫린 수많은 구멍이 보였어요. 알록달록한 작은 물고기들이 그 구멍 속으로 쉼없이 드나들고 있었지요. 문득 아홉 살 때 수족관에 처음 간 날이 떠올랐어요. 그날 난 마치 바다 밑바닥을 걷는 것처럼 흉내를 냈었어요. 그런데 정말로 바닷속에서 걸어보게 된 거예요. 난 주변을 헤엄쳐 가는 물고기들을 잡으려고 손을 뻗어보기도 했어요. 정말 꿈을 꾸듯 멋진 순간이었지요.

하지만 행복 뒤에는 늘 그것을 시기하는 불행이 호시탐탐 기회를 노리고 있는 법이지요. 바다 밑을 걸으며 세상에서 가장 행복한 사람이 된 듯한 감상에 젖어들려는 순간, 정신이 번쩍 들 만한 일이 벌어졌어요. 점점 숨을 쉬기가 어려워졌고, 헬멧 안으로 차가운 바닷물이 새어들어오는 게 느껴졌거든요. 순간 위험하다는 판단과 함께 재빨리 무거운 헬멧을 벗어던졌지요. 그리고 죽을 힘을 다해 숨을 참으며 수면 위로 올라왔어요.

허브스 박사팀의 연구원이 나를 발견하고 구하러 왔어요. 그의 도움을 받아 처음 출발했던 배 위로 올라가자 허브스 박사가 어찌된 일인지 물었어요. 나는 헬멧의 밸브를 열었지만, 공기는 들어오지 않고 물이 새어들어왔다고 말했어요. 그러자 그 이야기를 듣고 있던 항해사가 "밸브를 잘못 돌렸나봐요. 여성들은 원래 그런 거 잘 다루지 못해요."라며 웃었어요. 난 기분이 상했고, 그럴 리 없다고 강력하게 항의했지요. 결국 허브스 박사의 지시로 헬멧을 철저하게 검사하자 공기 공급줄이 새고 있다는 게 밝혀졌어요. 난 처음부터 고장난 헬멧을 쓰고 바닷속으로 뛰어들었던 거예요. 항해사는 정중하게 사과했지요. 물론 난 고친 헬멧을 쓰고 바닷속으로 다시 뛰어들었어요. 아직 처리해야 할 일이 남아 있었으니까요.

이후 난 공부를 더 하기 위해 컬럼비아 대학 대학원으로 진학하려 했어요. 하지만 대학원 측은 여성들은 아이들 양육 때문에 중간에 학업을 포기한다면서, 나를 받아주지 않았어요. 여자는 과학자가 될 만큼 똑똑하지도 용감하지도 않다는 편견이 아직도 널리 퍼져 있던 시대였어요. 오죽하면, 우리 엄마도 날더러 타이핑을 배워서 비서가 되라고 했을까요. 난 할 수 없이 내 실력과 경력을 모두 인정해주는 뉴욕 대학 대학원에 입학해 석사와 박사과정을 모두 마쳤어요. 그 사이에 동료와 결혼해 네 아이도 낳았지요. 하지만 그리고 이 아이들을 기르기 위해 단 한 번도 공부를 포기하거나 쉰 적은 없었어요.

대학원 때 혼자 다이빙을 하다 처음으로 거대한 상어를 만났어요. 하지만 무섭지 않았어요. 오히려 아름다움에 감탄했지요. 가까이 다가올수록 매끄럽게 쭉 뻗은 상어의 모습이 너무도 우아해 멍하니 한참동안 쳐다봤어요. 상어가 이유 없이 사람을 공격하지 않는다는 것을 알고 있기 때문에 조용히 기다렸지요. 그리고 상어가 내 곁을 스칠 때 등지느러미 쪽 피부를 살짝 잡으며 올라탔다가 잠시 후 미끄러지듯 내려왔어요. 물위로 올라왔을 때엔 상어가 나를 너무 멀리 데려다 놓아 동료들이 탄 배가 보이지 않을 정도였어요.

그후 난 바닷속에서 상어를 만났을 때 이렇게 행동하라고 사람들에게 이야기해요.

"상어를 만나면 두려움에 떨며 첨벙거리거나 헤엄쳐 도망치지 마세요. 뒤로 서서히 물러나 이 아름다운 생명체를 감상해보세요."

물론 등지느러미에 살짝 올라타는 일 같은 것은 절대 해선 안 돼요. 그날 나는 운이 좋았던 거예요. 평정심을 유지하며 서서히 물러나란 말을 꼭 기억해야 해요. 상어는 상대방의 두려움을 느끼면 공격하는 예민한 동물이고, 상어를 훈련시키거나 강아지처럼 다루는 것은 전문가나 하는 일이란 것을 명심해야 해요.

'유지니의 상어'를
관찰하러 오는 어린이들
:

난 1950년 뉴욕 대학에서 동물학 박사학위를 받았고, 이듬해에 내 연구생활을 담은 『창을 든 여인(Lady With a Spear)』이란 책을 펴냈어요. 이 책은 해양생물에 대한 일반인들의 관심을 불러일으키며 인기를 끌었지요. 특히 미국의 부유한 명문가인 벤더빌트 가족이 이 책의 아주 열성적인 팬이 되었어요. 그들은 내 책에 열광하면서 플로리다 바닷가에 새로운 해양 연구소를 설립하도록 도와주겠다고 했어요. 난 벤더빌트 가의 지원 아래 지역주민과 힘을 합쳐

케이프 헤이즈 해양 연구소를 세웠지요.

처음에 연구소로 상어를 데려올 때 제대로 된 시설이 없어서 죽기도 했지만, 연구원들은 상어나 다른 해양생물들의 생명을 유지하며 운반하는 방법을 개발했어요. 또, 동물 심리학 분야에서 몇 가지 중요한 발견도 했어요.

그때까지 상어는 지능이 아주 낮아 훈련이 불가능하다고 알려져 있었어요. 하지만 우리는 상어가 생각보다 훨씬 지능이 높다는 것을 실험으로 보여주었어요. 우선, 상어가 있는 수조 안에 하얗게 칠한 네모진 나무판자를 넣어두었어요. 그리고 상어가 판자를 코끝으로 건드리면 맛있는 먹이를 준다는 것을 가르쳐주었어요. 몇 달이 지나자 상어는 맛있는 먹이가 먹고 싶을 때마다 이 판자를 코끝으로 툭툭 쳤지요. 이어서 한 단계 높여, 판자를 친 뒤 수조의 다른 쪽 끝으로 가야지만 먹이를 주는 훈련을 했어요. 놀랍게도 상어는 이것도 잘해냈어요.

난 실험을 마치고, 또 하나의 편견을 깨기 위해 도전했어요. 그때까지 상어는 잠을 자지 않는 동물이라고 알려져 있었어요. 상어의 신체 구조는 특이해요. 계속 헤엄쳐서 물이 아가미를 통과하게 해야지만 산소를 흡수할 수 있어요. 그래서 늘 몸을 움직이느라 잠을 자지 않는다고 알려져 있었지요. 그런데 한 친구가 다이빙을 하던 중 멕시코의 수중 동굴에서 잠자는 거대한 식인상어를 보았다는 이야기를 내게 했어요.

난 학생들을 데리고 멕시코의 수중 동굴을 찾아가 두 번째 시도 끝에 실제로 잠자는 상어와 마주쳤어요. 깊은 동굴에서 상어무리들이 거의 기절한 듯이 움직이지 않고 있었어요. 이후 일본의 해안에서도 무리지어 잠자는 상어를 보았지요. 정말 깊이 잠이 든 것인지, 아니면 잠깐 휴식을 취하는 것인지에 대해선 아직 더 연구가 필요해요. 아무튼 상어가 하루 종일 헤엄치며 돌아다닌다는 믿음은 이 발견으로 깨지고 말았어요. 그리고 상어가 모세혀가자미라는 물고기에서 나오는 분비물을 아주 싫어한다는 것도 알아냈지요. 이 분비물은 작은 동물을 바로 죽일 만큼 독성이 강해요. 상어가 이 물질에 닿으면 아가미에 경련을 일으키기 때문에, 스스로 먼저 피하는 거예요. 나중에 이 분비물은 상어를 쫓는 약품으로 개발되어 다이버들의 안전을 지키게 돼요.

나는 2015년 아흔두 살의 나이로 세상을 떠날 때까지 새로운 생물 11종류를 발견했고, 165개가 넘는 논문과 학술 기사도 썼어요. 내가 남긴 '모트 해양연구소(케이프 헤이즈 해양 연구소)'에선 지금도 젊은 과학자들이 해양 동물 연구에 대한 꿈을 키우고 있어요. 그리고 해마다 수많은 어린이들이 찾아와 '유지니의 상어'를 관찰하고 있다고 해요. 이 아이들 중 누군가 해양생물학자나 어류학자, 혹은 해양지질학자가 되어 바닷속에서 내가 맛보았던 가쁨을 그대로 느끼게 되길 바라요.

무슨 일이든 스스로 생각하고 행동하다

마리 퀴리   머라이어 미첼   로절린드 프랭클린   레이 몬터규   실비아 얼

21

·

Marie Curie(1867~1934)

·

방사능 물질을 밝혀낸
물리학자이자 화학자
마리 퀴리의 편지

인생에서 그 어떤 것도 두려워할 필요는 없다.
단 이해할 필요는 있다.
— 마리 퀴리

1911년 어느 날 내 인생에서 가장 기쁜 소식이 들려왔어요. 내가 두 번째 노벨상을 받게 될 것이라고 프랑스 신문들이 속보로 전해주었어요. 첫번째로 받은 노벨 물리학상은 남편과 공동 수상을 했어요. 사실 방사능 연구를 시작하고 주도한 사람은 나였지만, 사람들은 내가 남편의 연구에게 묻어갔다는 오해를 했어요. 만일 두 번째 노벨 화학상을 단독으로 받게 된다면, 누구도 방사능 연구의 개척자인 내 업적에 대해 더 이상 이러쿵저러쿵하지 않게 될 거예요.

그런데 기쁨도 잠시였어요. 내게 천국과 지옥을 동시에 맛보게 할 일이 벌어졌지요. 노벨상 수상 소식을 들은 지 얼마 안 되었을 때 내가 연구실 동료인 폴 랑주뱅과 불륜 관계라는 스캔들이 터졌어요. 성난 사람들이 우리집 앞에 몰려들어 돌을 던졌고, 어린 두 딸은 무서움에 떨어야 했어요. 사람들은 폴란드에서 이민 온 유대인 여성이 프랑스 여인의 남편을 가로챘다면서 분노했지요. 무덤에 있는 내 남편이 살아돌아왔더라면, "얼굴만 잘생긴 프랑스 바람둥이가 남의 부인을 가로챘다"고 맞받아쳤을텐데 말이에요. 물론 내사랑 피에르 퀴리가 살아 있었더라면, 난 아예 그런 스캔들에도 휘말리지 않았을 거예요.

스캔들 이후 내가 멀리하자 바람둥이 랑주뱅은 자신의 비서와 부적절한 관계를 맺어 사생아를 낳았어요. 그런데도 그는 교수로서 과학자로서 경력을 쌓아갔지요. 그의 집 앞에 몰려가 돌을 던지는 사람도 없었고요. 일간지들이 대서특필하며 맹비난을 하지도 않았어요. 나와 친했던 물리학자 아인슈타인도 배우자가 있는 상태에서 수많은 여인들과 염문을 뿌렸지만, 감히 큰 목소리로 그를 비난하는 사람은 없었어요. 오히려 아내의 성격이 괴팍해 아인슈타인이 자꾸만 다른 여성들을 만나는 것이라고 두둔하는 사람들까지 있었지요.

남편이 죽은 뒤 홀로 두 딸을 키우며 연구에만 매진했던 내가 이제 그 열매를 거두려는데 랑주뱅과 스캔들이 터져 사회에서 매장당할 위기에 처했어요. 이 상황을 어떻게 헤쳐나가야 할지 막막했고, 과연 상황이 좋아질지도 의심스러웠어요. 난 하루하루 살아가는 게 너무 두려워 자살을 생각하기도 했어요.

이때 가장 큰 힘이 되어준 사람은 딸 이렌느였어요. 이렌느는 나중에 나처럼 방사능을 연구하는 과학자가 돼요. 이 아이는 십대 소녀답지 않은 어른스러운 모습으로 내편이 되어서 무한한 신뢰를 보여주었지요. 난 사랑스러운 두 딸을 고아로 만들고 싶지 않았어요. 그래서 어렵게 기운을 차리고 세상과 맞서기로 했어요.

스웨덴 한림원에선 사회적인 분위기를 고려해 노벨상 시상식에 참석하지 말라고 했지요. 하지만 나는 두 딸을 바라보며 힘을 냈어요. 그리고 당당하게 맞섰지요. "노벨상은 업적에 주는 것이지 사생활에 주는 것이 아닙니다."라고 하면서요.

인생에서 반성해야 할 일은 있지만, 두려워해야 할 일은 없는 법이에요. 난 랑주뱅과 스캔들에 대해선 반성했지만, 나를 벼랑 끝으로 내모는 사람들의 비난 앞에 무릎 꿇지는 않았어요. 스캔들이 터졌을 때 성난 사람들이 우리집 앞으로 몰려들었던 이유는 내가 여자였고 이민자였기 때문이에요. 군중심리란 어리석은 것이고, 늘 약자를 밟으려들어요. 내가 여기서 주춤거리고 물러서면 역사가들은 나를 '스캔들 때문에 노벨상을 포기한 여성'으로 기록할 거예요. 항상 강자의 편에 서서 역사를 기록하는 사람들은 방사능이란 개념을 확립하고, 라듐과 폴로늄이란 방사성 원소를 발견한 내 업적마저 빛이 바래도록 할 거예요.

난 당당하게 두 번째 노벨상을 받았고, 그후론 아무리 잘생기고 똑똑한 남자가 다가와도 무심하게 대했어요. 유대인, 이민자, 여성이라는 세 가지 악조건을 가진 내가 세계 최초로 노벨상을 두 번 받기까지, 그리고 딸 이렌느도 노벨상을 수상한 과학자로 키워내기까지는 이외에도 많은 어려움이 있었어요. 하지만 난 그 어떤 경우에도 두려워하며 물러선 적은 없었어요. 세상을 떠나는 날까지 용기를 잃지 않았던 내 삶의 이야기를 지금부터 들려줄게요.

식민지 폴란드에서
태어난 슬픔
:

나는 1867년 폴란드 바르샤바에서 태어났어요. 5남매 중 막내였지요. 부모님은 두 분 다 교사였고, 자식 교육에 관심이 아주 많았어요. 그래서 우리 형제들은 모두 학교에 들어가기 전부터 부모님께 읽기와 쓰기를 배웠어요.

내가 네 살이 되던 어느 날이었어요. 언니가 읽기를 배우느라 더듬더듬 책을 읽고 있었어요. 나는 답답한 나머지 책을 빼앗아 큰 소리로 줄줄 읽었지요. 그러자 온가족이 놀란 눈으로 나를 쳐다보았어요. 그 순간 언니보다 먼저 내가 책을 읽었다는 사실이 미안해서 엉엉 울었어요.

지금 생각해보니 난 형제들 중에서 아버지를 가장 많이 닮았어요. 과학 선생님이었던 아버지처럼 수학과 과학을 아주 좋아했고, 아버지가 할 줄 아는 5개국어를 나도 다 배워서 할 수 있게 되었어요. 그리고 어렸을 때부터 아버지의 실험도구를 가지고 놀며 과학자가 되고 싶어했지요.

당시 내 조국 폴란드는 러시아의 식민지였어요. 러시아는 폴란드의 주권을 빼앗고, 폴란드 고유의 문화와 민족의식을 깨끗이 없애버리려 했어요. 폴란드 국민들은 저항했고, 젊은이들은 비밀리에 독립운동을 했어요. 가끔 오빠 친구들이 러시아 경찰에 붙잡혀 사형을 당했다는 소식도 들었어요.

조국에 대한 사랑을 드러내면, 처형당한다니… 주권을 다른 나라에 빼앗긴 식민지 국가에 산다는 것은 아주 슬픈 일이었어요. 그래서 어릴 때부터 조국 폴란드가 주권을 되찾아 누구나 폴란드어를 마음대로 쓸 수 있는 세상을 만들겠다고 결심했어요. 프랑스로 유학올 때까지 난 비밀 학생회에서 활동했고, 유명한 과학자로 성공해 프랑스에서 살면서도 조국 폴란드를 잊지 않았어요. 폴란드가 러시아로부터 독립할 수 있도록 벌이는 운동에 기부했고, 집에선 폴란드인 가정교사를 고용해 두 딸에게 조국의 언어를 가르쳤지요. 그리고 라듐 연구소를 세워 폴란드 과학자들을 훈련시켰어요.

식민지 국민이었기 때문에 내 어린 시절은 불행했어요. 아버지는 러시아 인들에게 일자리를 빼앗겼고, 점점 더 작은 학교로 옮겨 다녔지요. 그러다 나중에는 집에서 아이들을 모아서 가르쳐야 했어요. 엎친 데 덮친 격으로 내가 열 살 무렵 어머니와 언니가 연달아 병으로 세상을 떠났고, 집안 형편이 더 어려워졌어요. 비좁은 집이지만, 생활비를 벌기 위해 하숙생을 받아들여야만 했어요.

열다섯 살 때 나는 전 과목 수석으로 중등학교를 졸업했어요. 당시 우리 오빠는 바르샤바 대학을 다니고 있었지만, 언니와 난 대학에 갈 수 없었어요. 폴란드를 지배하던 러시아 제국 정부가 여성이 대학에 가는 것을 금지했기 때문이에요. 그래서 어려운 가정 형편에도, 언니와 나는 프랑스로 유학을 가야 했어요. 우선 내가 돈을 벌어 언니에게 학비와 생활비를 보내주고, 언니가 졸업한 다음엔 내가 도움을 받으며 공부하기로 했어요.

언니의 학비를 벌기 위해 나는 조라프스키 씨 집에 가정교사로 들어갔어요. 그 집 아이 두 명을 하루 종일 가르치고, 남은 시간엔 집안일도 해야 했어요. 그리고 틈틈이 짬을 내 집안 형편이 어려워

실험실에서 연구중인 마리 퀴리

학교에 가지 못하는 지역 농가의 아이들에게도 읽기와 쓰기를 가르쳤어요. 또 몇 년 후 대학에 갈 때를 대비해 공부도 게을리하지 않았지요. 바르샤바 집에 있던 아버지가 자주 편지를 써서 수학을 가르쳐 주었기 때문에 많은 도움이 되었어요.

여름이 되자 조라프스키 씨의 장남이 방학을 지내기 위해 집으로 왔어요. 바르샤바 대학생인 그는 잘생겼고, 수학을 공부하는 똑똑한 학생이었어요. 우리는 곧 서로 사랑에 빠졌고, 약혼을 하려 했어요. 하지만 조라프스키 씨 부부는 가난한 가정교사를 며느리로 받아들이고 싶어하지 않았어요. 나는 크게 상처 받았지만, 언니의 학비를 벌기 위해선 그 집에 2년 반 정도 더 있어야 했어요. 프랑스로 건너가 공부하게 될 미래를 위해서라면, 마음의 상처 같은 것은 숨기고 아무렇지도 않은 척 지내야 한다고 생각했지요.

그건 쉽지 않은 일이지만, 이루고 싶은 꿈이 있었기 때문에 견딜 수 있었어요. 그리고 나중에 보니 오히려 잘된 일이었어요. 내가 그 집에서 거절당하지 않았으면, 프랑스로 건너오지도 않았을 것이고, 아마 과학자로서 길을 걷지도 않았을 거예요.

유럽에서 둘밖에 없는
박사과정 여학생
:

나는 스물네 살에야 파리로 건너가 소르본 대학 물리학과에 입학했어요. 소르본 대학은 유럽에서 여성의 입학을 허용하는 몇 안 되는 학교 중 하나였어요. 생활비가 부족해 매일 빵과 차만 먹으며 춥고 좁은 방에서 지냈지만, 원하는 수업을 들으며 맘껏 공부할 수 있어 행복했지요.

나는 물리학과에서 유일한 여학생이었는데, 졸업할 때 성적은 가장 좋았어요. 교수님은 졸업 후에도 대학 실험실에서 일하면서 장학금을 받아 수학을 더 공부하도록 길을 열어주었어요. 그때 난 실험실에서 자기장 연구를 돕고 있었어요. 어느 날 우연한 기회에 이 분야에서 훌륭한 업적을 쌓고 있던 물리학자 피에르 퀴리를 만났어요. 삼십대 중반이었던 그는 오늘날 전자제품이나 시계에 쓰이는 수정 발진기를 발명해 과학계의 주목을 받고 있었어요.

피에르와 나는 그 무엇보다 과학을 사랑하고, 과학에 인생을 걸었다는 점에서 아주 잘 통했어요. 그는 곧 내게 청혼했지요. 하지만 난 결혼을 망설였어요. 아버지가 있는 고향 폴란드가 너무 그리웠기 때문이에요. 원래 내 꿈은 폴란드로 돌아가 학생들에게 물리를 가르치는 선생님이 되는 거였어요. 결국 난 피에르의 청혼을 거절하고, 고향으로 돌아가기로 했어요.

바르샤바로 돌아온 이후 폴란드에서 여성으로서 학문적 지위를 보장받기가 얼마나 어려운지를 깨달았어요. 마음껏 학생들을 가르치면서 과학연구를 할 수 있는 직장을 좀처럼 찾기가 어려웠지요. 그때 마침 프랑스에 홀로 남아 있던 피에르가 연락을 해왔어요. 연구소 소장이라는 자리를 버리고, 나와 함께 지내기 위해 폴란드로 오겠다고 말이에요. 그는 이미 나를 평생의 동반자로 생각하고, 내 곁에만 머물겠다고 마음 먹었던 거예요. 나는 피에르의 진심에 감동하고 말았어요.

나는 우리 두 사람이 과학자로서 성장하려면 프랑스라는 넓은 무대가 필요하다고 판단했지요. 그래서 다시 파리로 돌아왔고, 피에르와 나는 평생 함께하는 부부가 되었어요. 피에르는 내 권유로 박사학위 과정을 밟아 정식교수가 되었고, 나도 유럽에서 두 명밖에 없는 박사과정 여학생이 되어 계속 공부를 했어요. 다행히 시아버지가 함께 살면서 아이를 봐주었기 때문에 많은 도움이 되었어요. 의사였던 시아버지는 누구보다 아이를 잘 키우는 훌륭한 양육자셨지요.

그 무렵 프랑스 과학자 베크렐이 우라늄이란 광석에서 신비한 빛, 즉 방사능이 나온다는 것을 발견했어요. 이 연구에 흥미를 느낀

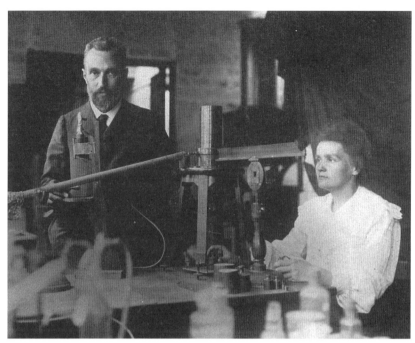

실험중인 퀴리 부부

나는 박사과정 논문의 주제로 방사능 연구를 택했어요. 우라늄 외에 다른 방사능 원소를 찾아내 그 원리를 알아내기로 했지요.

연구를 시작한 지 얼마 지나지 않아 토륨이라는 또 다른 방사능 원소를 분리했고, 방사능의 원인이 원자의 활동에서 나온다는 것을 알아냈어요. 그리고 이때부터 피에르도 자신이 하던 연구를 그만두고 방사능 연구를 함께하기로 했어요.

우리는 피치블렌드(역청우라늄석)란 광물에서 우라늄보다 400배나 강한 방사능이 나오는 것을 관찰하고, 그 안에 새로운 방사능 원소가 있을 거라고 직감했어요. 그리고 밤낮을 잊고 피치블렌드의 성분을 분리하는 실험을 한 끝에 새로운 방사능 원소를 찾아냈어요. 내 조국인 폴란드를 기리는 의미에서 폴로늄이란 이름을 이 원소에 붙여주었어요. 그리고 이어서 폴로늄보다 더 강력한 라듐도 발견했고, 이 원소들이 내뿜는 에너지를 처음으로 '방사능'이라 부르기 시작했어요.

방사능은 물질을 이루는 불안정한 원자 안의 핵이 쪼개지면서 나오는 에너지예요. 빛을 내기도 하지. 방사능 에너지에 우리 몸이 닿으면, 세포가 파괴되고 유전자가 변형되어 오랜 기간에 걸쳐 건강이 나빠져요. 심할 경우 목숨을 잃게 돼죠. 하지만 당시엔 그 사실을 몰랐기 때문에 피에르와 난 몸을 아끼지 않고, 방사능 연구에 몰두했어요.

피치블렌드에서 순수한 라듐을 분리하는 과정은 매우 어려웠어요. 피에르와 나는 피치블렌드 몇 톤을 밤낮으로 끓이고, 전기 분해를 해 겨우 라듐 0.1g을 분리해냈지요. 폴로늄과 라듐을 발견할 때까지 모두 8톤에 이르는 피치블렌드를 끓여야 했어요. 판잣집처럼 허름한 연구소엔 제대로 된 환기장치도 없었고, 여름엔 지독히 덥고, 겨울엔 지독히 추웠어요. 그 안에서 내 키만큼이나 긴 쇠막대기로 부글부글 끓는 피치블렌드를 저었지요. 과학 연구는 두뇌만큼이나 체력과 인내력이 필요한 일이에요. 너무 힘들어 포기하고 싶은 순간이 셀 수도 없이 많았어요.

피에르와 내가 라듐을 발견하고, '라듐의 원자 안에서 핵이 쪼개지면서 방사능이 생긴다'고 설명하자 사람들은 충격을 받았어요.

원자는 더 이상 변하지 않는 물질이라 믿고 있었기 때문이에요. 하지만 원자핵도 쪼개질 수 있고, 쪼개질 때 사라지는 질량이 방사능 에너지로 바뀐다는 사실을 이제야 알게 되었어요. 덕분에 물질이 에너지로 바뀐다는 아인슈타인의 상대성 이론도 증명되었지요.

이민자, 여성,
그리고 유대인
:

1903년 나, 피에르, 베크렐은 방사능 현상에 대한 연구로 노벨상을 공동수상했어요. 그런데 처음엔 내가 실험에서 중요한 역할을 하지 않았다는 오해를 받았어요. 남편 피에르를 옆에서 도왔을 뿐이니 노벨상을 받을 자격이 없다고들 생각하더라고요. 당시엔 여성 과학자가 거의 없을 때라 폴로늄과 라듐을 분리하는 실험을 내가 주도했다고 믿는 사람은 드물었어요. 하지만 피에르는 과학계의 모든 인맥을 동원해 이 연구에 내 업적이 얼마나 큰지를 알렸어요. 다행히 학계는 이 사실을 인정해 우리 세 사람이 공동으로 노벨 물리학상을 받도록 했어요.

이 상 덕분에 피에르는 소르본 대학의 교수가 되었고, 우리에겐 전보다 나은 연구실이 생겼어요. 하지만 행복도 잠시였어. 피에르가 갑자기 교통사고를 당해 세상을 떠났고, 나는 혼자 남겨졌지요. 피에르는 내가 낯선 외국땅에 정착하도록 이끌어준 애인이자 남편이었고, 운명의 길인 방사능 연구를 함께 해온 동지였어요. 그런 사

솔베이 회의에 참석한 마리 퀴리

람을 갑작스럽게 잃고 큰 충격과 슬픔에 빠졌지요. 하지만 내겐 그
가 남긴 두 딸과 그와 함께 해오던 연구가 있었어요. 어떻게든 힘을
내고 다시 살아야 했지요.

　피에르의 동료 과학자들은 기금을 만들어 나를 도와주려 했지
만 거절했어요. 어디까지나 한사람의 과학자로서 당당하게 내 생
계를 책임지고 아이들을 키워내야 한다고 생각했으니까요. 소르본
대학은 오랜 고민 끝에 피에르의 빈자리를 내게 주기로 했지요. 난
소르본 대학 최초의 여성 교수가 되었어요. 내가 첫 강의를 할 때
많은 사람들이 몰려들었지요. 그들이 어떤 모습을 내게 기대했는
지는 모르겠지만, 난 피에르가 하던 강의를 그냥 묵묵히 이어갔어

요. 또, 그와 함께하던 연구를 홀로 계속해 나갔지요. 그리고 내가 남편 덕에 성공했다고 보던 일부 사람들에게 놀라운 소식을 안겨 주었어요. 조교 드비에르느와 함께 순수한 금속 라듐을 추출하는 데 성공했고, 이 공로로 1911년 노벨화학상을 받았기 때문이에요. 나는 두 가지 다른 분야의 노벨상을 수상한 최초, 그리고 지금까지도 유일한 수상자가 되었지요.

사람들은 나를 과학자로만 기억해요. 하지만, 과학 말고도 내가 헌신했던 분야가 또 있어요. 1차 세계대전이 시작되자 나는 X선 촬영기를 개발했어요. 그리고 이것을 실은 자동차와 검사원들을 전쟁터의 병원으로 보내는 일에 앞장섰어요.

첫째딸 이렌느에게 촬영장치 사용법을 가르쳐 병원에서 이 일을 주도하도록 시켰지요. 전쟁터에서 치료도 제대로 받지 못하고 죽어가는 병사가 없도록 우리 모녀는 온힘을 다했어요. 과학적 업적을 쌓아 노벨상을 받는 것도 중요하지만, 다른 사람들의 목숨을 구하는 일에 헌신하는 것도 그에 못지않게 의미있는 일이에요. 이때 나와 함께 봉사한 딸 이렌느도 나중에 과학자가 되어 노벨상을 받게 돼요.

내 후손들은 묘비에 '마리 퀴리 스클로도프스카'란 이름을 새겨 주었어요. 조국 폴란드에 대한 내 사랑을 기리기 위해 폴란드에서 불리던 '스클로도프스카'란 성을 이름 뒤에 붙여준 거예요. 국립 묘지에 우뚝 세워진 이 묘비야말로 이민자이자 여성이란 두 가지 약점을 모두 이겨낸 내 삶을 가장 잘 보여주고 있지요.

22

Maria Mitchell(1818~1889)

미첼 혜성을 발견한
미국 최초 여성 천문학자
머라이어 미첼의 편지

과학에는 특별히 상상력이 필요하다.
수학이나 논리가 전부는 아니다.
그 안에는 어느 정도의 아름다움과 시가 있다.
— 머라이어 미첼

어린 시절 우리 아버지는 지붕 위에 올라가는 것을 좋아하셨어요. 저녁을 먹고 밤하늘이 어두워지면, "자, 그럼 하늘을 청소하러 가볼까?" 하고 자리에서 일어나셨지요. 그러면, 우리는 우르르 아버지를 따라 지붕 위 간이 천문대로 올라갔어요. 가끔 친구들이나 아버지의 어린 제자들도 함께 했어요. 아버지의 청소란 것은 길다란 망원경으로 밤하늘을 비질하듯이 쓸면서 관찰하는 거예요. 우리는 순서를 정해 돌아가면서 밤하늘을 훑어보는 망원경 비질을 했지요. 그때마다 아버지는 밤하늘에 있는 별자리 이름을 친절하게 알려주셨고, 계절에 따라 그 별자리들이 어떻게 이동하는지도 가르쳐주셨어요. 난 아버지의 훌륭한 비서가 되어 망원경 청소도 하고, 친구들이 이해하지 못하는 것을 이해하기 쉬운 말로 다시 설명해주기도 했어요.

우리가 나이 들면서 제각기 공부나 일로 바빠 밤하늘 청소에 참가하는 사람이 한 명씩 줄어들기 시작했어요. 하지만 나만은 마지막까지 남았어요. 아버지만큼이나 별을 사랑했거든요. 하루도 빠지지 않고 아버지와 함께 다락에 올라가 밤하늘을 장식하는 수많은 별들의 이름을 배우고, 별자리 운동을 관찰했어요. 아마추어 천문학자인 아버지에게 일식 관찰하는 법도 배웠고, 별자리를 보며

· 22. 머라이어 미첼 ·

고래잡이 배의 항로를 계산하는 법도 배웠지요.

어느새 나도 아버지처럼 밤하늘 망원경 청소를 하지 않으면 잠을 잘 수 없는 별 사랑꾼이 되어갔어요. 심지어 수많은 별자리들의 위치를 정확히 계산하기 위해 혼자 천문학책과 수학책을 읽으며 공부하기 시작했지요. 그리고 이때부터 천문학에 대한 내 지식은 아버지를 넘어서기 시작했어요.

1847년 10월 1일 밤, 처음 보는 천체가 밤하늘을 가로질러 갔어요. 천문학사에 길이 남을 '미첼 혜성'을 발견한 순간이었지요. 이 혜성의 이름은 내 이름을 따라 지어졌고, 난 미국 최초의 여성 천문학자이자 바사 대학 최초의 천문학 교수가 되었어요. 내가 이렇게 되기까지는 여성도 남성과 동등한 교육을 받아야 한다고 하시며, 내가 꿈을 쫓아 살아갈 수 있도록 격려하고 도와준 아버지의 도움이 컸어요. 난 아버지가 내게 해주셨듯이 다른 많은 여성들이 꿈을 펼칠 수 있도록 돕는 일에 평생을 바쳤지요. 아버지의 사랑이 딸을 넘어 다른 많은 여성들에게로 퍼져 나가는 이야기를 지금부터 해볼까 해요.

지붕 위 간이 천문대는
나의 놀이터
:

난 1818년 미국 매사추세츠 주 낸터킷 섬에서 태어났어요. 내 이름은 Maria라고 쓰는데, '마리아'가 아니라 '머라이어'라고 읽어야 해요. 우리 집은 형제자매가 아홉이나 되는 대가족이었지요. 부모님은 퀘이커 교도였어요. 퀘이커 교도들은 하나님과 교감하는 묵상을 중요시하고, 대부분 공동체를 이루고 살아요. 아버지는 은행장이자 학교장이었고, 어머니는 섬에 있는 모든 책을 다 읽었다는 말을 들을 정도로 책을 좋아했어요. 당시 여성들은 대부분 직업도 없고, 공부할 기회도 갖지 못하는 사회 분위기였어요.

하지만 고래잡이의 중심지였던 낸터킷 섬은 남편들이 고래를 잡으러 오랫동안 바다에 나가 있으면, 아내들이 모든 것을 알아서 처리하며 살아가는 곳이었어요. 그만큼 여성들의 영향력이 강한 곳이지요. 게다가 이곳의 퀘이커 교도들은 교리상 남녀가 동등하게 교육을 받았어요. 그래서 우리 부모님도 딸들에게 아들과 똑같은 교육 기회를 주려고 했어요.

내가 열한 살 때 아버지는 학교를 세웠어요. 아버지는 남을 가르치는 교사였지만, 스스로도 항상 수학과 천문학 공부를 했어요. 자식들에게도 이런 과목들을 공부하도록 늘 격려했지요. 우리집 지붕 위에는 밤하늘을 관찰할 수 있는 간이 천문대가 있었어요. 해가 지면 아버지는 아이들을 데리고 이곳으로 올라갔어요. 나는 이 아이들 중에서 아버지를 특별히 잘 돕는 조교였어요.

아버지는 천문학에 대한 내 재능을 꿰뚫어보시고, 퀘이커 공동체의 과학 커뮤니티로 데려갔어요. 겨우 열두 살이고 게다가 여자아이였지만, 대부분 남자 어른인 커뮤니티 회원들은 날 따뜻하게 받아주었어요. 당시 미국 사회에선 여자아이라면 요리나 집안일을 배워야 했어요. 그렇지 않고 과학을 공부하러 다닌다는 것은 흔치 않았지요. 보수적인 사람들의 조롱거리가 될 수도 있는 일이었어요. 하지만 이곳 사람들은 남자아이든 여자아이든 차별하지 않고, 지적인 분야에서 뛰어나도록 격려하는 전통을 가지고 있었어요.

세계 최초의 혜성
C/1847 T1 발견
:

1835년엔 잠깐 나만의 학교를 세워 아이들을 가르치기도 했어요. 유색인종 분리 정책이 심할 때였는데, 난 백인이 아닌 아이들을 학교에 받아들여 논란을 일으켰어요. 이후 낸터킷 섬에 공공 도서관이 생기자 최초의 사서로 일하게 되었어요. 퇴근 후에는 그동안 제대로 배우지 못한 수학 공부에 몰두했어요. 이때 갖춘 수학 실력은 나중에 천문학자로 활동하는 데 아주 큰 도움이 되었지요. 천체가 하늘에서 타원형이나 쌍곡선을 그리며 나아가는 경로를 알아내려면, 복잡한 수학 계산을 해야 하거든요. 그리고 라틴어와 천문학도 독학하며 밤하늘을 계속 관찰했어요. 새로운 천체를 찾고 싶은 탐구심이 매일밤 나를 망원경 앞으로 데려갔어요. 렌즈에 눈을 갖다대고, 망원경으로 밤하늘을 훑으면 깊고도 깊은 우주의 신비가 조금씩 모습을 드러냈어요.

1847년 10월 1일 밤 10시 50분. 스물아홉 살이 된 나는 여느 날처럼 밤하늘을 망원경으로 훑어보고 있었어요. 그런데 평소엔 보이지 않던 천체 하나가 눈에 들어왔어요. 나중에 '미첼 혜성'으로 알려지게 될 혜성 C/1847 T1을 발견한 순간이었지요. 쌍곡선을 그리며 지나가는 이 혜성을 세계 최초로 관찰한 사람이 나라는 사실이 믿기지 않았어요. 처음엔 이 놀라운

혜성을 관찰중인 머라이어 미첼

사실을 아버지에게만 알렸어요. 그러자 아버지는 서둘러 내가 기록한 혜성에 대한 관찰과 자료를 받아 하버드 천문대를 통해 영국과 네덜란드 천문학 당국에 급히 전달하도록 했어요. 아마추어 천문가이기도 한 아버지는 이 일이 딸뿐만 아니라 미국 천문학계에 얼마나 의미깊은 일인지를 알고 있었어요.

1848년 1월 나는 《실리만 저널》을 통해 혜성 발견을 공식적으로 발표했어요. 그리고 다음 달엔 이 새로운 혜성의 궤도에 대한 계산을 제출했어요. 마침내 '미첼 혜성'의 최초 발견자로서 위치를 확고히 다지게 된 거예요.

당시 덴마크 왕은 텔레스코픽(너무 희미해 눈으로 볼 수 없는) 혜성을 발견한 첫 번째 사람에게 금메달을 주었어요. 미첼 혜성을 발견한 나도 이 메달을 받을 자격이 충분했지만, 문제가 생겼어요. 나

보다 이틀 늦게 똑같은 혜성을 발견한 프란시스코 드 비코가 유럽 천문학 협회에 먼저 보고했기 때문이에요. 다행히도 아버지가 서둘러 하버드 천문대에 알려두었기 때문에, 최초의 발견자는 나라는 진실이 밝혀졌어요. 1884년 나는 덴마크 왕으로부터 금메달을 받으면서, 세계적인 유명인사가 되었어요. 그리고 그동안 무시당하던 미국 천문학이 유럽에서 인정받는 계기를 마련했지요.

연구 현장에서
사라지는 여학생들
:

이후에도 난 천문학자로서 업적을 쌓아갔어요. 그리고 이런 업적을 바탕으로 1865년 바사 대학 최초의 천문학 교수로 임명되었지요.

1868년부터는 학생들을 데리고 맨눈으로 태양 흑점을 관찰하기 시작했고, 1873년이 되자, 사진 기술의 발달에 힘입어 매일 태양 사진을 찍어 기록으로 남겼어요. 이것들은 태양의 첫 번째 공식 사진이 되었고, 흑점이 태양 표면이 아니라 내부 깊숙한 곳에서 생겨난다는 가설에 더욱 무게가 실리도록 만들었어요.

내가 교수로 활동할 당시 여학생들은 어두워진 후 밖에 나갈 수가 없었어요. 밤하늘을 관찰해야 하는 천문학 연구에 큰 방해 요소였지요. 나는 이런 관습을 버리는 데 앞장섰고, 다른 낡은 규제들을 없애는 데도 적극적으로 뛰어들었어요.

바사 대학 천문대 앞에서 학생들과 함께 연구중인 머라이어 미첼(왼쪽에서 두 번째)

어느 날 그동안 내가 쌓아온 명성과 경험에도 불구하고, 많은 젊은 남성 교수들이 나보다 더 많은 월급을 받고 있다는 사실을 알게 되었어요. 나 자신뿐만 아니라 나중에 들어올 후배 여교수들을 위해서라도 가만히 있으면 안 되겠다는 생각이 들었어요. 그래서 당시 교수진 중 유일하게 또 다른 여성이었던 알리다 에이버리와 함께 당당하게 급여 인상을 요구해 그것을 이루어냈어요.

내가 있는 동안 바사 대학은 남학생들이 우세한 하버드나 예일보다 천문학과 생물학에서 더욱 충실한 교육과정을 가지고 있었어요. 여성 과학 교육에서도 많은 결실을 거두었지요. 하지만 남북전쟁이 끝나고 남성들이 학교와 일터로 돌아온 뒤부터는 여성을 향해 열렸던 과학의 문이 굳게 닫히는 것을 느낄 수 있었어요.

심지어 1873년 에드워드 클라크 박사는 여성이 고등교육을 받으면 의학적으로 위험하다는 주장을 펼쳤어요. 여성들은 정신적인 도전을 하기에는 뇌가 너무 작고 몸이 연약해서 하버드 대학 같은 곳에 다니게 되면 임신하기 어려워지고 신경쇠약에 걸린다고도 했지요. 이런 터무니없는 주장은 여성들을 과학이나 연구 작업에서 밀어내 남성들이 그 자리를 차지하기 위한 계략으로밖에 보이지 않았지요. 나는 이에 맞서 싸웠고, 여성주의 작가들과 협력해 클라크의 생물학적 증거를 반박할 과학적 자료를 수집했어요. 그러는 사이에 재능있는 많은 여학생들이 연구 현장에서 사라지는 모습을 지켜보는 것은 아주 가슴 아픈 일이었지요.

유명해진 뒤부터 내가 어쩌다보니 영향력 있는 사람이 되었다는 것을 알았어요. 그래서 일부러 다양한 사회 활동에 참여해 노예제 반대나 여성 참정권 운동에 앞장섰어요. 항상 사회적인 약자편에 힘을 보태주고 싶었기 때문이에요. 그래서 몇몇 여성 단체에 설립자로 참여했고, 미국 예술과학 협회와 철학협회의 첫 여성 회장이 되기도 했어요.

나는 무엇보다 여성이 직업을 갖거나 과학자가 되거나 대학에 가선 안 된다는 편견이 틀렸다는 것을 몸소 보여주는 삶을 살고 싶었어요. 그래서 더욱 활발히 활동해 많은 여성들의 좋은 롤모델이자 지도자가 되려고 노력했지요.

바사 대학 교수가 된 뒤엔 항상 학교 천문대에서 살다시피 했고, 우리 집을 여성의 인권과 정치에 대한 토론 장소로 제공했어요.
1889년 일흔한 살 나이로 세상을 떠날 때까지 평생 과학적 관찰과
스스로 독립할 수 있는 삶을 중시하며 과학 연구에 몰두했어요. 또,
같은 시대를 사는 여성들의 인권 문제를 해결하는 데도 헌신하려
고 노력했지요. 나 혼자만의 성공을 추구하지 않았던 가장 큰 이유
는 행복은 함께 누려야 더 큰 기쁨이 된다는 것을 알았기 때문이에
요. 인간은 원래 더불어 사는 존재니까요.

23

Rosalind Franklin(1920~1958)

DNA의 이중나선 구조를
밝혀낸 화학자
로절린드 프랭클린의 편지

로절린드 프랭클린이 찍은 DNA 사진은
지금까지 찍은 어떤 엑스레이 사진보다 아름답다.
— 존 버널(물리학자)

아인슈타인의 뒤를 잇는 위대한 물리학자 스티븐 호킹 박사는 상대성이론과 양자역학을 결합시켜 혁신적이고 뛰어난 '우주론'을 만들어냈어요. 지금도 많은 물리학자들은 그의 이론을 바탕으로 자신이 해나가야 할 연구의 길을 정하고 있을 정도예요. 그런데 호킹은 이렇게 뛰어난 학문적 성취를 이루었는데도 노벨상을 받지 못했어요. 가장 큰 이유는 이론을 뒷받침할 증거를 찾아내지 못했기 때문이에요.

노벨상 위원회는 실험으로 확인된 증거가 없으면, 아무리 뛰어난 업적에도 상을 주지 않아요. 아인슈타인도 상대성이론이 아니라 실험이 뒷받침된 '광전효과' 때문에 노벨상을 받을 수 있었어요. 원래 과학이란 실험을 통해 객관적인 증거가 확실한 것만 사실로 인정하는 학문이기 때문에 어쩔 수 없는 일인 것 같아요.

그래서 몇몇 이론과학자들을 제외하고, 대부분 과학자들은 잠자는 것도 먹는 것도 잊으며 끊임없는 실험을 반복해 증거를 찾으려고 노력해요. 때로는 증거를 찾기 위해 어마어마한 실험 장치를 설계하는 것도 마다하지 않아요. 현재 유럽 여러 나라에 걸쳐 지나가는 입자가속기라는 실험 장치는 그 길이만 19킬로미터예요. 이처럼 과학에서 실험이 얼마나 중요한지는 아무리 강조해도 지나치

· 23. 로절린드 프랭클린 ·

지 않아요.

난 철저한 실험과학자였고, 수많은 실험 끝에 얻은 발견에 대해서도 이론을 만들어 발표할 때엔 늘 신중했어요. 그래서 엄청난 방사능에 노출된 끝에 그 누구도 찍지 못한 DNA 이중나선 구조 엑스레이 사진을 찍고서도, 그것을 함부로 해석하지 않았어요. 천천히 이론을 세워갔지요. 그러는 사이에 내가 찍은 사진이 허락도 없이 유출되어 왓슨과 크릭에게 넘어갔어요. 그들이 내 사진을 어떻게 이용했고, 나를 어떤 식으로 모욕했는지를 보면 이 세상이 여성 과학자들에게 얼마나 무례했는지를 알 수 있어요.

평생 든든한 나의 지원자,
엄마
:

난 1920년 영국 런던의 한 유대인 집안에서 태어났어요. 어릴 때부터 과학과 수학을 좋아했고 과학자가 되는 것이 꿈이었지요. 그런데 부유한 은행가였던 아버지의 생각은 좀 달랐어요. 여성은 어차피 직업을 가지지 않고 살림만 할테니 공부를 할 필요가 없다고 믿었지요. 특히 우리집처럼 넉넉한 중산층 집안의 딸이라면, 사회사업을 해야 한다고 생각했어요.

사실 당시 여성은 대학에서 정식으로 일자리를 찾기 어려웠어요. 자원봉사 활동만 가능했지요. 아무리 실력이 뛰어나도 전문가로 대우받을 수가 없었어요. 아버지는 그런 현실을 잘 알고 있었기

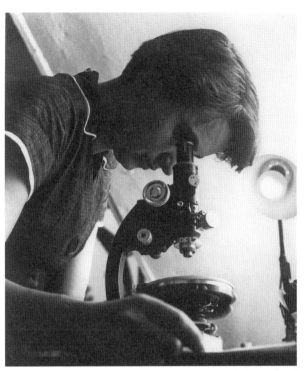
현미경을 들여다보며 결정구조를 연구중인 로절린드 프랭클린

때문에 결코 학비를 대줄 수가 없다며 단호하게 반대하셨던 것 같
아요. 하지만 난 과학자 이외에는 그 어떤 것도 되고 싶지 않았기
때문에 고집을 꺾지 않았어요. 결국 고모가 내 학비를 지원해주기
로 했어요. 엄마도 내 편을 들며 아버지를 설득했지요. 그제야 아버
지는 마지못해 딸의 대학 진학을 허락했어요. 하지만 이 일로 평생
아버지와 난 사이가 좋지 않았어요. 물론 엄마는 내가 과학 연구에
만 몰두할 수 있도록 평생 든든한 지원자가 되어주었지요.

　　1938년 케임브리지 대학에 입학해 물리화학을 공부했고, 우수한 성적으로 졸업했어요. 대학원에 진학해선 탄소 및 흑연의 구조와 관련된 논문을 써서 박사학위를 받았지요. 대학을 졸업하고, 1945년까지 석탄과 탄소에 관한 논문을 다섯 편 정도 썼어요. 이중에는 지금도 산업 현장에서 매우 중요한 토대로 인용되는 것들도 있어요. 예를 들어 강력한 탄소섬유를 만드는 법과 흑연을 이용해 핵분열을 지연시키는 법에 대한 논문 같은 것이 그런 경우예요. 이런 업적들 덕분에 스물여섯 살 나이에 나는 이미 산업과학 분야의 권위자가 되어 있었어요.

이후 난 미개척 분야에 도전하고 싶어졌어요. 과학자로서 가장 기쁜 순간은 그런 분야에서 남들이 하지 않은 발견이나 발명을 해냈을 때예요. 내가 보기에 이제 막 과학자들의 주목을 받기 시작한 X선 결정학이 아주 흥미로웠어요. 난 X선 결정학 기술을 배우기 위해 1947년 파리 국립 화학 중앙 연구소에 들어갔어요.

X선 결정학 기술은 X선을 물질에 비추어 원자들이 어떻게 배열되어 있는지를 알아내는 거예요. 파리의 연구소에서 실험을 거듭한 끝에, 이 분야에서 탁월한 실력을 쌓을 수 있었어요. 강력한 X선 사진으로 누구도 촬영하지 못하는 물질의 분자구조를 찍는 방법을 알아갔지요.

노력도 없이 열매만을
가져가려는 사람들
:

1951년에 영국의 킹스 칼리지로부터 초청을 받았어요. DNA분자 구조를 밝히는 연구를 책임지는 자리였지요. 그런데 문제가 생겼어요. 처음 킹스 칼리지에 갔을 때 마침 휴가를 가서 보이지 않던 모리스 윌킨스가 돌아왔어요. 그런데 그는 나를 실험 자료 분석을 위해 고용된 조수처럼 대했어요. 독자적인 연구를 하려는 내 모습을 아주 못마땅하게 바라보았지요.

당시 킹스 칼리지의 분위기는 오늘날엔 상상도 하기 어려울 정도로 비정상적이었어요. 나 말고도 꽤 많은 여성 과학자가 있었지만, 그들은 남성 과학자들과 동등하게 식사를 할 수 없었어요. 그래서 연구실 밖이나 학생 식당에서 밥을 먹어야 했어요. 그리고 하루 일정이 끝난 뒤, 남자들끼리 어울려 술을 마시며 정보를 교환할 때, 여성들은 이 자리에 결코 초대받지 못한 채 소외되어 갔어요.

DNA는 복잡한 결정구조를 가졌기 때문에, 당시 아무도 이 사진을 어떻게 찍어야 할지를 몰랐어요. 하지만 나는 석탄을 연구했던 경험을 살려 DNA X선 회절사진을 찍는 좋은 방법을 개발했지요. DNA분자는 공기 중 수분을 얼마나 흡수하느냐에 따라 두 가지 형태로 나뉘어요. 그래서 각각의 경우에 알맞게 X선 카메라를 조절해야 해요. 1952년 나는 DNA의 X선 사진 '포토51'을 찍는 데 성공했어요. 이 사진은 지금도, '가장 아름다운 X선 사진 중 하나'라는

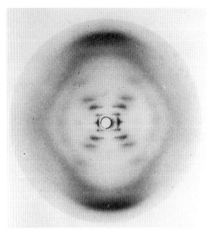

포토 51

평가를 받고 있어요. 그리고 난 이 사진을 통해 젖은 DNA 분자가 나선구조라는 것을 알아냈지요. 하지만 마른 DNA분자에 대해선 좀더 관찰이 필요하다고 판단했어요.

한편, 윌킨스는 내가 만드는 이런 자료를 가져다 해석하고 싶어했어요. 그는 항상 나를 자신의 자료조사원처럼 생각하고 있었으니까요. 하지만 애써 수집한 자료를 해석할 능력은 내게 충분했기 때문에 단칼에 거절했어요. 아무런 노력도 없이 열매만 가져가려는 사람에게 내 피땀 어린 노력을 갖다바치고 싶지는 않았지요.

그런데 얼마 후 나를 더욱 화나게 만드는 일이 생겼어요. 어떻게든 자기 분야에서 일인자가 되겠다는 욕심이 가득한 눈매의 한 남자가 찾아왔어요. 나중에 그는 자신의 책에서 나를 보고 '촌스럽고 성질이 고약한 여자'라고 했지만, 나 역시 그렇게 기분 나쁜 인상을 가진 사람은 처음이었어요. 그는 바로 미국 출신 과학자 제임스 왓슨이었어요. 나는 이후에도 계속 그를 '무서운 미국인'이라 불렀어요.

그는 라이너스 폴링이란 화학자가 쓴 논문을 내게 보여주었어요. 폴링의 아들이 갖다 바친 그 자료를 비웃으며, 그가 자신의 잘못을 알아차리기 전에 우리 모두 힘을 합쳐, 먼저 DNA구조를 밝혀야 한다고 열변을 토했지요. 결국 그는 내가 찍은 DNA X선 사진 같은 정확한 자료가 보고 싶었던 거예요. 스스로 그런 사진을 찍을 자신도 없고, 그렇다고 다른 방법으로 DNA구조를 알아낼 방도를 모르니 어떻게든 내가 찍은 자료사진을 보고 싶어 했지요.

나는 다같이 협력해야 한다는 왓슨의 말을 믿지 않았어요. 그런 사람에게 협력이란 다른 사람으로부터 자신에게 이익이 될 무언가를 받아내는 것에 지나지 않아요. 자신에게 이익이 되지 않는다고 생각되면, 폴링의 논문을 들고 다니며 비웃는 것처럼 나 또한 언젠가 그에게 비웃음과 조롱의 대상이 될 것이 뻔했어요. 그리고 그런 내 생각은 몇 년 후 사실이 되고 말았지요.

왓슨은 내가 사진은 잘 찍지만, 해석은 제대로 못하니 자기와 협력하자는 식으로 잘난 척을 했어요. 난 과학자이고 실험주의자예요. 철저한 실험으로 증명된 것만 사실로 인정해요. 왓슨처럼 얼렁뚱땅 가설을 세우고, 과대 포장하는 사람들을 싫어해요. 또, 왓슨처럼 여기저기 다니며, 남을 비난하고 자기 공을 떠벌이면서 실험실에서 피땀 흘리며 노력하기를 게을리하는 사람들은 더욱 싫어하죠. 자신이 직접 생산해내는 것은 없지만, 다른 사람들이 벌이는 일에 대한 정보는 정말 빠르게 알아내거든요.

아무튼 왓슨처럼 명예에 눈이 먼 욕심쟁이와 이야기 나누느라 아까운 연구시간을 버리고 싶지 않았어요. 그래서 그에게 화를 내며 나가달라고 했지요. 돌아가는 길에 왓슨은 윌킨스를 만나 로절린드에게 수모를 당했다고 하소연했어요. 평소 내게 불만이 많았

· 23. 로절린드 프랭클린 ·

던 윌킨스는 자기 마음을 알아주는 동지를 만났을 때처럼 기뻤을 거예요.

킹스 칼리지에선 내가 윌킨스와 더 이상 문제를 일으키지 말고 다른 학교로 옮겨가기를 바랐어요. 나도 그렇게 차별이 심한 학교엔 더 이상 남아 있고 싶지 않았기 때문에 버크벡 칼리지로 직장을 옮기기로 했지요.

킹스 칼리지에선 내게 그동안 DNA연구를 위해 찍은 사진과 자료를 두고 가라고 했어요. 그것의 주인은 학교라고 주장했지요. 나는 그때까지 연구한 것을 서둘러 정리해보기로 했어요. 우선 DNA가 이중나선 구조를 가지고 있다고 선언하는 논문 두 편을 결정학 분야 최고 학술지《악타 크리스탈로그라피카》에 보냈지요.

그런데 그 사이에 아주 황당한 일이 벌어지고 있었어요. 내가 찍은 DNA X선 사진 '포토51'을 윌킨스가 몰래 빼내 왓슨과 크릭에게 보여준 거예요. 왓슨이 직접 내 연구실로 찾아왔을 때도 보여주지 않았던 그 사진을 말이에요. 왓슨은 그 사진을 보는 순간 가슴이 벌렁거렸다고 나중에 회상했어요. 자신들은 도저히 찍을 수 없었던, 그리고 DNA의 비밀을 한눈에 보여주는 사진이니 눈이 번쩍 뜨였겠지요. 게다가 내가 다른 학교로 간 사이에 그 사진과 관련된 계산 자료까지 모두 왓슨과 크릭 팀에게 넘어가고 말았어요. 결국 왓슨과 크릭은 오로지 내가 찍은 사진과 자료를 바탕으로 DNA구조 모형을 만들어 유명해졌지요. 그들이 모형을 완성해 발표하기 하루 전날 내가 학회지에 넘긴 'DNA 이중나선 구조'에 대한 내 논문은 아직 출판되기도 전이었어요. 난 그때까지도 왓슨과 크릭이 내 자료를 몰래 가졌다고는 생각지도 못했어요. 그래서 나중에 이 모형을 보고 실험과학자로서 한 마디만 했지요.

"그런데 이걸 어떻게 증명하지요?(사진이라도 찍었나요? 난 이미 찍었답니다.)"

난 DNA 사진을 찍는 데 100시간 넘게 투자했고, 그것을 분석하고 계산한 자료를 갖추는 데 1년이란 시간을 들였어요. 그런데 아무런 노력도 없이 내 자료를 슬쩍 가져다주기만 한 윌킨스는 1962년 왓슨과 크릭이 DNA 구조를 밝혀낸 공로로 노벨의학상을 받을 때 공동 수상자로 선정되었어요.

물론 왓슨과 크릭도 내가 찍은 사진과 계산자료가 없었더라면, DNA 이중나선 구조 모형을 만드는 것은 꿈도 꾸지 못했을 거예요. 난 이미 그전에 DNA 구조에 대한 두 사람의 논문에서 오류를 지적한 적이 있었어요. 이중나선 구조에 대한 그들의 생각은 애매했고, 결정적인 부분은 하나도 알아내지 못하고 있었어요. 그래서 그들은 내가 찍은 사진을 더더욱 보고 싶어했던 것일지도 몰라요.

칭송받지 못한
DNA영웅
:

왓슨의 말처럼 때로 '과학은 협력의 산물'이기도 해요. 누군가의 새로운 발견은 선배 과학자들이 이미 앞서 발견해 닦아놓은 길을 따라왔기 때문에 가능하지요. 성공한 수많은 실험도 함께 고생한 동료들이 있기에 가능한 것이고요. 하지만 저자의 허락을 받지 않고 논문이나 사진을 가져다 쓰는 것은 범죄에 가까운 행동이에요. 그래서 왓슨과 크릭이 나의 '포토51'을 몰래 가져다 쓴 순간부터 노벨상을 도둑질한 것이나 마찬가지라고 비판하는 사람도 있어요. 하지만 왓슨, 크릭, 윌킨스 이 세 사람이 '포토51'을 본 것을 솔직히 인정하고, 연구동료로서 내 공로를 충분히 인정해주었더라면 어땠을까요? 그렇게까지 하기 어려웠더라면 최소한 자신의 책에서 'DNA 사진을 찍어놓고도 해석을 할줄 모르는 멍청이'라고 나를 비난하지는 말았어야 한다는 생각이 들어요.

킹스 칼리지에서 하던 DNA 연구를 내려놓고, 버크벡 칼리지로 옮겨 간 뒤에도 난 바이러스 구조 연구로 업적을 쌓았어요. 그런데 이 바이러스 연구를 함께하던 동료 아론 클럭도 내가 죽은 뒤 연구를 계속해 노벨상을 받았지요. 다행히도 아론은 내 공로를 인정했고, 명예를 회복시켜주려 많은 노력을 했어요. 그제야 사람들은 '로절린드는 두 번의 노벨상을 받을 수 있었는데 놓쳤다'라고 말하기 시작했어요. 나를 가리켜 '비운의 여성, 로절린드 프랭클린'이라거나 '칭송받지 못한 DNA 영웅'이라 말하는 사람도 생겼지요.

과연 나는 불행한 삶을 살았던 것일까요? 사람들 말처럼 나는 두 번의 노벨상 기회를 놓쳤고, 젊은 나이에 꿈을 다 펼쳐보기도 전에 암으로 죽었어요. 공부를 하고 과학자로서 연구를 할 때에도 여성인데다가 유대인이라 많은 차별을 받았지요. 하지만 난 평생 좋아하는 과학연구에만 매달릴 수 있었어요. 늘 연구에 몰두하고 있었기 때문에 한 가지에 몰입하는 기쁨이 충만한 삶을 살았지요. 가끔 왓슨처럼 연구실로 찾아와 화를 돋구는 사람도 있었지만, 그건 과학 연구를 통해 얻는 기쁨에 비하면 아주 사소한 것이었어요. 사실 난 살아 있는 동안 무척 행복했어요. 특히 파리 중앙 화학 연구소에서 일하며 마음껏 유럽 여행을 다니던 시절엔 정말 아름다운 것들을 많이 보면서 최고의 시간을 보냈지요.

이제는 여성도 남성과 동등하게 공부해 직업을 가질 수 있게 되어 당당하게 홀로 설 수 있다니 정말 다행이에요. 누구든 자유롭게 자신이 원하는 인생을 살아갈 수 있는 것처럼 좋은 일은 없다고 봐요.

24

Raye Montague(1935~2018)

컴퓨터로 배를 설계한
흑인 여성 수학자
레이 몬터규의 편지

사람들이 당신이 하려는 일 앞에 장애물을 놓지 못하게 하라.
그리고 당신이 왜 그 일을 해야만 하는지를 이해시켜라.
— 레이 몬터규

미국 해군에서 배설계 책임자로 오랫동안 일하는 동안 난 직장에서나 사회에서나 장애물과 싸워야 했어요. 그 장애물은 크게 성차별과 인종차별이었죠.

일곱 살 때 할아버지와 함께 2차 세계대전에서 사용되었던 독일 잠수함을 보러 전시회에 간 적이 있었어요. 난 거대한 잠수함의 웅장한 모습에 반해버렸지요. 그때부터 나중에 커서 이런 배를 설계하는 사람이 되겠다고 마음먹었어요. 사실 인종차별 때문에 고등교육을 받기도 어려운 흑인에게 너무 큰 꿈이었지요. 게다가 백인 여성들도 그런 전문직엔 진출하지 못하던 시절에 나 같은 흑인 여자애가 배를 만들겠다고 하면 조롱거리가 될 뿐이었지요.

하지만 나랑 가장 가까운 두 사람이 "레이, 넌 충분히 해낼 수 있어."라고 용기를 주었지요. 바로 어린 시절 잠수함 전시회에 데려간 할아버지와 나의 가장 친한 친구이기도 한 엄마예요. 특히 엄마는 내가 꿈을 이루려면 세 가지 장애물과 싸워서 이겨야 한다고 말씀해주셨어요. 그것은 성 차별, 인종차별, 그리고 인종분리정책에 따른 학교 교육제도였지요.

흑인이 다닐 수 있는 중고등학교는 많지 않았고, 백인들이 쓰다가 준 찢어진 노트와 교과서를 써야 했어요. 중요한 페이지가 중간에서 쭉 찢겨져 사라진 책들이 우리의 교과서였지요. 게다가 대학의 전공도 마음대로 선택하기 어려웠어요. 나 역시 인종분리 정책 때문에 공대가 아닌 경영대에 가야 했어요. 그런 내가 어떻게 최초로 컴퓨터를 사용해 배를 설계할 수 있었는지 궁금하지 않아요? 지금부터 들려줄 내 삶의 이야기에 귀기울여봐요.

인형놀이보다 기계 만지는 게
좋았던 아이
:

난 1935년 미국 아칸소 주에서 태어났어요. 어린 시절 우리 엄마는 "남성이 할 일, 여성이 할 일! 그런 구분은 없다."고 늘 말씀하셨어요. 그리고 교장선생님을 찾아가 "내 딸 레이는 여학생들만 치르는 가정 시험을 보지 않게 해주세요."라고 부탁하셨죠.

흑인에다 여성인 내가 엔지니어가 되겠다고 하자 주위 사람들은 모두 비웃었지만, 엄마만은 달랐어요. "레이, 힘내. 공부를 하고 머리를 써라. 그럼 넌 잘 될거야."라고 하셨어요. 엄마는 '평생 나의 날개 아래에서 바람을 일으켜 잘 날 수 있도록 도와준 사람'이었지요. 그리고 내가 항상 수학과 과학을 공부하도록 격려하고 응원해주었어요. 그 점은 할아버지도 마찬가지였지요. 난 가족들의 응원속에 웬만한 과목은 수업을 듣지 않고, 혼자 공부해 시험을 통과했어요. 뛰어난 기억력 덕분이었지요. 그리고 남는 시간엔 수학과 과학을 더 깊이 공부했어요.

공부를 정말 열심히 해서 1952년에 아칸소 주립대에 합격했어요. 그런데 전공은 공학이 아닌 경영학이었지요. 당시 아칸소 대학은 흑인이 공학을 전공하도록 허락하지 않았기 때문이에요. 우등으로 대학을 졸업했고, 그후 뉴욕으로 갔어요. 사람들이 많이 모인 뉴욕에선 더 많은 기회의 문이 열릴 것 같았거든요. 우선은 해군에서 서류를 타이핑하는 사무직원으로 일하기 시작했어요.

차별이
일상인 생활
:

그런데 드디어 행운의 여신이 내게 손짓을 하기 시작했어요. 내가 속한 부서가 배를 만드는 곳이었거든요. 게다가 내 자리는 최초의 현대식 컴퓨터라 할 수 있는 유니벡 옆이었어요. 매일 엔지니어들이 컴퓨터를 조작하는 과정을 지켜볼 수 있었지요.

난 어렸을 때부터 인형보다는 기계 만지는 게 더 좋았어요. 엔지니어들이 일하는 것을 지켜보면서 컴퓨터에 대해 알아가기 시작했고, 이 새로운 기계가 너무 좋아졌어요. 엔지니어들의 어깨 너머로 컴퓨터 조작법을 하나하나 익힐 때마다 눈앞에 완전히 새로운 세상이 열리는 것 같았지요.

그러던 어느 날 컴퓨터를 다루는 엔지니어들이 모두 독감에 걸려 결근하고 말았어요. 그들 대신 누군가 컴퓨터를 통제하지 않으면 해군 전산 시스템 전체가 엉망이 될 지경에 이르렀지요. 그런데

해군 최초로 컴퓨터 프로그램을 활용해 배를 만들기 시작한 레이 몬터규

그때 해군 전체에서 유니벡 컴퓨터를 다룰 줄 아는 사람은 나밖에 없었어요. 결국 매일 키보드를 두들기며, 서류 작성만 하던 내가 처음으로 컴퓨터 운용에 나섰지요. 물론 난 기계 다루는 일만큼은 자신 있었어요. 그리고 컴퓨터 조작법에 대해선 이미 오래전에 꿰뚫고 있었어요. 그날 난 유니벡을 어떤 엔지니어들보다 능숙하게 다루었고, 나에 대한 해군의 평가도 달라졌어요. 내가 엔지니어들과 함께 유니벡을 다루는 일을 할 수 있게 해주었지요.

혹인이라는 이유로 공대 입학을 거절당하고, 경영학을 공부해야 했던 내가 엔지니어라는 꿈을 이룰 수 있게 된 거예요. 어렵게 잡은 기회를 놓치지 않기 위해 난 공부를 더 하기로 했어요. 엄마가

늘 강조하시던 "공부를 하고, 머리를 써라."라는 말을 기억했거든
요. 일을 마치고 컴퓨터와 관련된 야간 수업을 듣기로 했어요. 컴퓨
터 프로그램에 대해 더 깊이 공부해 누구도 따라오기 어려울 정도
로 실력을 쌓기 위해서였지요.

그런데 난 여성인데다 흑인이었기 때문에 어디서나 많은 차별
을 받아야 했어요. 하루는 회의에 들어갔는데 한 남자 직원이 다가
오더니 커피를 타달라고 했어요. 어딜 가나 흑인 여성은 사무보조
나 청소 같은 일을 했기 때문에 그런 요구를 받은 것도 무리는 아
니었어요. 하지만 난 누군가 마실 커피를 대신 타주기 위해 그 자
리에 온 것이 아니었어요. '나 역시 당신과 똑같이 회의에 참석하러
왔다'는 것을 알려주며, 화를 내볼까 하다가 참았어요. 대신 유머와
위트로 위기를 넘기기로 했지요. 회의하는 동안 분위기가 어색해
지지 않으려면, 그게 최고의 방법이었거든요. 난 그 남성을 향해 웃
으면서 당당하게 말했어요.

"저도 커피 한 잔 타주시죠. 프림과 설탕 다 넣은 걸로요."

백인 동료들과 출장 갔을 때에는 이런 일도 있었어요. 미리 예약
해둔 호텔에서 나를 보더니 방을 내주기를 거부했어요. 당시엔 인종
분리 정책 때문에 흑인과 백인이 같은 호텔방을 쓸 수 없었어요. 그
들은 흑인을 위해 남은 방이 없다면서 다른 호텔을 알아보라고 했어
요. 그래서 이번에도 난 화내지 않고 웃으면서 당당하게 말했어요.

"방 같은 거 필요 없어요. 그냥 임시 침대나 하나 주시죠. 여기서
하룻밤 보낼게요."

물론 호텔에선 내가 로비에 임시 침대를 펼치고 자는 걸 원치 않았어요. 다른 손님들이 눈살을 찌푸릴테니까요. 그렇다고 예약자 명단에 있던 나를 무작정 내쫓을 수도 없었지요. 아무튼 호텔에선 더 이상 시끄러워지는 게 싫었는지 당시 남아 있는 유일한 방을 내게 주었어요. 그 방은 바로 호텔마다 특별한 고객을 위해 꼭대기층에 마련해두는 펜트하우스였어요.

사실 난 이름 덕을 많이 봤어요. '레이 몬터규'는 주로 백인 남성들이 쓰는 이름이라 어떤 일자리에든 채용되기가 쉬웠지요. 물론 막상 면접장에 흑인 여성이 나타나면 모두 놀랐지만요.

최초로 컴퓨터를 도입한
배 설계
:

나는 흑인인데다가 여성이라는 이유로 차별을 받을 때마다 실력으로 이겨내겠다고 굳게 마음먹었어요. 특히 해군에서 직장생활을 막 시작했을 때 나를 괴롭히던 상사를 볼 때면 더욱 그랬지요. 그 사람은 나를 쫓아내지 못해 안달 난 사람 같았어요. 어느 날 나를 불러 프로젝트 하나를 맡기며 6개월 안에 끝내라고 했지요. 그 프로젝트는 지난 6년 동안 해군이 쩔쩔매며 매달려온 일이었어요. 해군 컴퓨터 시스템을 배 설계에 알맞도록 수정하는 것이었어요.

나는 연구에 연구를 거듭하며 밤낮과 휴일도 없이 일에 매달렸어요. 상사는 그런 나를 아주 못마땅하게 바라보았어요. 그리고 결국

해군의 선진화에 기여한 공로로 상을 받는 레이 몬터규

여자 혼자 사무실에서 밤늦도록 일하면 안 된다고 못을 박았어요.

나는 어떻게 할까 고민하다가 밤에는 엄마나 아이를 사무실에 데려다놓고 일하기 시작했어요. 아무도 프로젝트를 완성하려는 내 열정과 노력을 말릴 수는 없었지요. 그리고 결국 해군 컴퓨터 시스템을 바꾸는 데 성공했어요. 만일 백인 남성 직원이 이런 일을 해냈다면 당연히 칭찬을 받았을 거예요. 하지만 당시 상사가 내게 한 말은 충격적이었어요.

"레이, 당신이 만든 걸 누가 쓰기나 하겠어?"

나는 그 말에 크게 실망했지만, 얼마 후 닉슨 대통령이 내린 지시가 운명을 바꾸어놓았어요. 대통령은 원래 해군이 가지고 있던 배보다 훨씬 더 큰 배를 두 달 안에 만들어내라고 했어요. 그런데 보통 이런 일은 몇 달이 걸려도 끝내기 어려워요. 우선 배 설계에 필요한 수많은 계산을 오류 없이 하는 것이 가장 큰 일이었어요.

평소 나를 괴롭히던 상사가 새파랗게 질린 얼굴로 찾아왔어요. 그는 자신의 지위를 지키려면 대통령 지시를 완수해야 했고, 그러려면 내가 완성해놓은 컴퓨터 시스템이 필요했기 때문이에요.

드디어 엄마와 아이를 사무실에 데려다놓고 밤늦게까지 애쓰며 만든 프로그램을 써먹을 기회가 온 거예요. 그리고 어린 시절 할아버지를 따라가 배를 처음 보았을 때 꾸었던 꿈을 이룰 수 있게 되었어요.

내가 배를 만들고 싶어했을 때, 안내원은 "네가 그런 것까지 알 필요는 없어."라고 했었어요. 세상 사람들은 항상 나를 향해 "넌 흑인이니까…" 아니면, "넌 여자니까…"라고 딱지를 붙이며 중요한 일은 해낼 수 없는 레이 몬터규를 만들려고 했지요. 하지만 이제 난 그들의 말이 틀렸다는 것을 보여줄 때가 된 거예요.

내 꿈에 집중하며
열심히 노력하기
:

난 해군 최초로 컴퓨터 프로그램을 활용해 배를 설계하기 시작했어요. 그리고 사람들이 예상했던 것보다 훨씬 빨리 배 설계도의 초안을 완성했어요. 설계도에 들어가는 수많은 계산을 정확하게 한 뒤, 그 계산을 바탕으로 배의 모양을 완성하는 데 딱 열여덟 시간이 걸렸어요. 덕분에 닉슨 대통령이 명령한 대로 해군 역사상 최대 규모의 배를 두 달 안에 완성할 수 있었어요. 그런데 그때까지

· 5부. 무슨 일이든 스스로 생각하고 행동하다 ·

나를 눈엣가시처럼 여기며 쫓아내고 싶어했던 상사는 이 일로 많은 칭찬과 포상을 받게 되었죠.

이후 그 상사는 더 이상 나를 차별하지 않았고, 내가 더 많은 일을 해낼 수 있도록 많은 기회를 주었어요. 뿐만 아니라, 그는 나를 자신의 후임자로 키워주기까지 했어요. 물론 상사의 인정을 받았다고 해서 인종차별이 끝난 것은 아니었어요. 내가 주도해 설계를 마친 배가 완공된 뒤 축하행사가 열렸을 때였어요. 이 행사에 동료 백인 남성 직원들은 모두 초청을 받았지만. 나는 제외되었어요.

하지만 난 남성들끼리 허세부리며 잘난척하는 그런 행사 따위는 신경쓰지 않았어요. 누구도 따라올 수 없는 실력과 능력이 있었기 때문에 그들의 차별에도 흔들리지 않았지요. 나는 늘 자신이 하는 일에 모든 것을 걸어 최고의 실력을 보여주었고, 힘들 땐 눈물 대신 유머와 위트로 위기를 넘겼어요. 그리고 마침내 해군에서 배 설계 부문 최고 책임자가 될 수 있었지요.

지금까지 흑인이라는 이유로 대학에서 공학을 배울 수 없었고, 여성이라는 이유로 어딜 가나 사무보조원 취급을 받았던 내가 배 설계 부문 최고 책임자로 성장하기까지 이야기를 해봤어요. 자신만의 꿈을 이루고 싶어하는 후배들을 위해 마지막으로 한 마디만 더 할게요.

"당신이 만일 나와 비슷한 꿈을 꾸고 있다면, 열심히 공부하세요. 그리고 계속 그 꿈에 집중하세요."

25

Sylvia Earle(1935~　)

인류 최초로 바다 밑을 걸었던
해양학자 **실비아 얼**의 편지

인간은 고래, 청어 또는 산호초만큼이나
바다에 의존해 살아가는 생명체이다.
— 실비아 얼

어린 시절 우리 집 근처엔 아름다운 숲과 들판이 펼쳐져 있었어요. 난 매일 이곳에 나가 자연을 관찰하며 놀았어요. 집에 돌아올 때엔 온갖 열매, 애벌레, 나뭇잎, 나비 같은 것들을 채집통에 한가득 주워오는 것도 잊지 않았지요. 엄마는 이것을 '실비아의 조사'라고 불렀어.요 심지어 비오는 날에도 비를 맞으러 나오는 동물들을 보러 나갔어요. 돌아올 땐 옷과 신발이 진흙투성이었지만, 엄마는 한 번도 화내지 않으셨어요.

아버지 직장 때문에 플로리다 바닷가로 이사를 가게 되자, 내 소중한 놀이터였던 숲과 이별하게 되었어요. 처음엔 울면서 슬퍼했지만, 곧 바닷속 생물을 관찰하는 재미에 푹 빠졌지요. 부모님이 '실비아의 조사'를 더 잘 할 수 있도록 물안경을 선물해주셨고, 난 어느새 바다에 한번 들어가면 배고프고 지칠 때까지 나오지 않는 아이가 되었어요. 바다에서도 '실비아의 조사'는 계속되었고, 결국 자라서 해양학자가 되었어요.

난 임신한 몸으로도 물 속 깊이 잠수할 수 있다는 것을 보여주며 여러 가지 기록을 세웠어요. 바다 밑에서 2주 동안 생활하는 연구팀을 이끌게 되었을 때엔 주요 일간지에 '주부가 잠수팀의 대장이 되다'라는 제목의 기사도 크게 실렸지요. 당시 난 엄연히 박사학위를 가진 해양학자였는데, 왜 그처럼 '주부……'가 어쩌구저쩌구하는 기사 제목을 붙여야 했는지 모르겠어요. 남성이 잠수팀의 대장이 될 경우 '아이 아빠가 잠수팀의 대장이 되다'라고 제목을 붙인 기사는 한번도 실리지 않았는데 말이에요. 왜 여성에 대해서만 사람들은 '결혼했는지, 아이는 있는지'를 궁금해하는 걸까요? 여성은 그런 가족관계로부터 독립된 존재로 살아가기 어렵다는 편견이 있기 때문은 아닐까요? 아무튼 당시 사람들은 여성, 그것도 남편과 자식이 있는 주부가 바다 밑에서 2주 동안이나 생활한다는 것 자체에 놀라워했던 것 같아요. 사실 바다 밑 생활 프로젝트에 처음 지원했을 때엔 잠수함 연구원들이 모두 남성이라는 이유로 거절당했어요. 지금부터는 내가 어떻게 그런 성 차별을 이겨내고 인류 최초로 바다 밑 381m 땅에 내려가 닐 암스트롱이 달에 꽂았던 것과 똑같은 깃발을 꽂을 수 있었는지를 들려줄게요.

깊은 바닷속에서
사는 상상
:

난 1935년 미국 뉴저지주에서 태어났어요. 자연이 아름다운 시골 마을에서 어린 시절을 보냈지요. 집 근처 숲에는 아주 많은 생물들이 살고 있었어요. 나는 수풀을 헤집고 다니며 나뭇잎 모양이나 곤충의 생김새를 관찰하는 것이 정말 재미있었어요. 이런 것들을 채집해 와서 유리병에 담아 보관하거나 그림을 그려 관찰한 내용을 기록하기도 했어요. 나도 유지니 클라크처럼 윌리엄 비브의 심해 탐험기를 읽고 바다의 매력에 사로잡혔어요. 비브는 인류 최초로 쇠공 모양 잠수구에 들어가 바닷 밑 923미터까지 관찰한 사람이에요.

열두 살 때 플로리다의 바닷가 마을로 이사한 뒤부터는 하루가 멀다 하고 헤엄치러 나갔지요. 맑은 바닷물 속으로 햇빛이 비치면, 나를 반겨 손이라고 흔드는 듯한 해초들이 보였어요. 그러면 나도 발가락으로 해초를 건드리면서 인사를 건넸어요. 발 옆으로는 수많은 물고기들이 헤엄쳐 지나가는 것을 볼 때면 바닷속에서 물고기들과 헤엄치며 하루라도 살아봤으면 좋겠다는 생각을 했지요. 비브처럼 아주 깊은 바닷속으로 내려가서 말이에요.

해양생물학자가 되기로 마음먹은 나는 플로리다 대학을 졸업한 뒤에도 공부를 계속해 듀크 대학교에서 해조류에 관한 연구로 박사 학위를 받았어요. 그리고 그 사이에 나처럼 생명체에 대한 관심이 많은 동물학자 존 테일러를 만나서 결혼했어요. 존은 좋은 남편이었어요. 내가 어린 자녀들을 떼어놓고 먼 바다로 조사를 나갈 때, 걱정하지 말고 다녀오라고 격려해주었지요. 심지어 인도양으로 떠나는 수십 명 조사단 중에 나 혼자 여성일 때도 결코 말리지 않았어요.

오히려 기자들이 나를 찾아와서 걱정하며 인터뷰를 해갔어요. 그들은 '70명 남성과 안톤 브룬 호를 타는 실비아, 무사히 다녀오기를!'이라는 제목의 기사를 실었어요. 당연히 나는 무사히 돌아왔어요. 안톤 브룬 호를 두 번째로 타고 나갔을 때에는 잠수를 하다가 신기한 해초를 발견했어요. 뒤집혀 펼쳐진 우산 모양을 한 분홍색 해초인데, 지금까지 학계에 보고된 적이 없었어요. 나는 최초의 발견자로서 이름을 붙여줄 권한이 생겼지요. 그동안 나를 가르쳐주시고 안톤 브룬 호에 탈 수 있게 이끌어주신 플로리다 대학 험 교수님께 감사하는 의미로, '험브렐라 히드라'라는 이름을 붙여주었어요.

혹등고래와 나눈 기적 같은 교감
:

난 열여섯 살에 다이빙을 시작해 수천 시간을 물 속에서 지냈어요. 내집처럼 드나들었던 멕시코만에서는 해저식물 수천 종을 관찰해 목록을 만들었어요. 이 일을 하면서 내가 깨닫게 된 것은 세상에 똑같은 사람이 없듯이 물고기도 다 다르다는 사실이에요. 같은 종류의 물고기라도 하나하나 관찰하면 저마다 성격도 다르고, 습관도 달라요. 그리고 바다는 많은 사람들이 생각하듯 조용한 침묵에 잠긴 세계가 아니에요. 어떤 오케스트라의 연주보다 아름다운 소리들로 가득찬 무대이지요. 특히 산호초 사이를 돌아다니다 보면 물고기와 새우들이 쉼없이 꿀꿀거리고 딱딱거리는 소리, 이빨가는 소리, 웅얼거리는 소리가 들려와요.

1960년대 후반을 지나면서 몇 년 동안 내게는 더욱 놀랄 만한 일들이 연달아 일어났어요. 임신 4개월 때 딥다이버란 잠수정을 타보겠느냐는 제안을 받았어요. 딥다이버는 기존 잠수함보다 더 오

관람객들에게 바닷속 모습을 설명중인 실비아 얼

랫동안 바닷속에서 머물기 위해 개발된 것이었어요. 난 뱃속의 아이에게 해로울까봐 처음엔 이 제안을 거절하려 했어요. 하지만 같은 여성이자 해양학자로서 선배인 유지니 클라크가 좋은 기회를 놓치지 말라고 격려해주었어요. 용기를 내서 의사와 상의한 후, 괜찮다는 대답을 듣고 딥다이버에 올랐지요. 그리고 바닷속 381미터까지 내려가 잠수함의 둥근 창을 통해 바다를 관찰한 최초의 여성이 되었어요.

1969년에는 바닷속 15미터 아래에 지은 수중연구소, '텍타이트(Tektite)'에 지원했어요. 텍타이트는 과학자들이 바닷속에서 몇 주 동안 생활할 수 있도록 만든 시설이에요. 바닷속에서도 사람이 장기간 살아갈 수 있는지를 주로 연구하기 위한 것이지요. 난 이곳에 머물면서 깊은 바닷속을 앞마당처럼 드나들 생각을 하니 가슴이 두근거릴 정도였어요. 하지만, 이번엔 연구소에서 나의 지원을 거절했어요. 그 이유는 실력이 모자라거나 경력이 부족해서가 아니었어요. 연구팀의 다른 사람들이 모두 남성이기 때문이었어요. 내가 텍타이트란 좁은 공간에 들어가면 다른 남성 연구원들이 너무 불편하다는 거예요. 동료들이 불편해한다는 이유로 여성은 연구할 기회마저 가질 수 없다는 게 믿어지지가 않았어요. 그것도 20세기 미국이라는 선진국에서 말이에요. 난 여성으로서 과학자의 길을 걷는 게 다른 어떤 분야에서 성공하는 것만큼이나 어렵다는 사실을 이때 절실히 깨달았어요. 딥다이버를 탈 땐 임신한 몸이어서 내가 먼저 거절할 뻔했고, 텍타이트에 들어갈 땐 단지 여성이라는 이유로 첫번째 지원에서 거절당하고 말았어요.

나는 포기하지 않고 이듬해 다시 도전했어요. 이번에는 연구소에서 태도를 바꾸었어요. 난 당시 그 누구도 해내기 어려운 1,000시간 잠수라는 기록을 가진 우수한 연구원이었어요. 그런 나를 계속 여성이라는 이유로 거절하기는 어려웠을 거예요. 대신 연구소에선 전원 여성 연구원으로 이루어진 팀을 만들어 내가 리더 역할을 맡도록 했지요. 결국 포기하지 않고 도전한 덕분에 그동안 텍타이트에 들어가지 못했던 다른 여성 연구원들에게도 이 작은 해저 주택에서 살 수 있는 길을 열어주게 되었어요.

1977년부터는 하와이로 가서 혹등고래를 관찰했어요. 놀라운 것은 혹등고래도 우리를 따라다니며 관찰한다는 사실이었어요. 나는 곧 그들과 친해져 가까이에서 사진을 찍고 직접 만져볼 수도 있었어요. 어느 날 나를 바라보는 고래 한 마리와 눈이 마주쳤어요. 한참 동안 서로를 응시했지요. 순간 이 동물들을 위해서라면 무엇이든 배워, 무엇이든 해주고 싶다는 생각이 들었어요. 이때 느낀 감정은 이후 바다 환경을 보호하기 위해 '미션 블루'란 재단을 세우는 계기가 되었지요. 이후 3년간 난 뉴질랜드에서 알래스카에 이르기까지 고래들을 추적하며 관찰해 다큐멘터리 영화를 만들었어요.

우리가 맘대로 써도 되는
무한자원이 아닌 바다
:

1979년에는 잠수 7,000시간을 기록한 가장 뛰어난 잠수부 가운데 한 사람인 내게 새로운 제안이 들어왔어요. 알 기딩스가 발명한 잠수복을 입고 바닷속에서 걸어보겠느냐는 것이었지요. 난 이 제안을 흔쾌히 받아들였고, 인류 최초로 바다 밑 381미터에서 2시간 30분이나 걷는 기록을 세웠어요. 당시 잠수 기술로는 바닷속 300미터 아래로 내려가는 것도 위험할 때였어요. 실패하면 죽을 수도 있는 이 실험에 나는 기꺼이 뛰어들어 임무를 성공적으로 완수했지요. 그리고 암스트롱이 달에 꽂은 것과 똑같은 깃발을 바다 밑바닥에 꽂았어요.

바다 밑 세계는 아폴로 11호에서 달을 내려다보았을 때처럼 '조용한 암흑 세계'는 아니었어요. 잠수정이 조명을 비추자 게들이 재빨리 도망갔고, 붉은 새우나 회색 뱀장어가 헤엄치는 모습도 보였어요. 내 요청으로 잠수정이 조명을 끄자 햇빛이 들지 않은 바닷속에 상상치도 못했던 놀라운 풍경이 펼쳐졌어요. 스스로 빛을 내는 바다 생명체들이 검은 바다를 배경으로 밤하늘의 별처럼 흩어져 있었어요. 깊은 바닷속에서 만난 또 하나의 우주는 황홀한 정도로 아름다웠지요. 그렇게 20분 정도 흐른 것 같았을 때 잠수정으로부터 2시간 30분이 지났으니 이제 돌아오라는 신호가 왔어요. 바닷속에선 정말 시간이 빨리 흐른다는 것을 실감했지요. 한 줌의 물에도 빛나는 생명체들이 가득했던 그곳을 뒤로하고 돌아오며 얼마나 아쉬웠는지 몰라요.

난 해양 대기관리국 최초의 여성 수석 과학자로 임명되기도 했어요. 그리고 바닷속에 더 오래 머물고 싶은 꿈을 이루기 위해서, 또 더 많은 사람들이 바다와 친해질 수 있는 길을 열어주기 위해 잠수 장비를 개발하는 회사도 세웠어요. 현재는 비영리 재단 '미션 블루'을 세워 전 세계 바다를 보호하는 일에 앞장서고 있지요.

세계 어디에서나 인간은 바다에 너무 많은 것을 내다버리고 있어요. 핵폐기물과 각종 쓰레기, 그리고 오염 물질… 내가 1,000미터 가까이 바닷속으로 내려가 새로운 생물체인 줄 알고 주워올린 게 콜라캔이나 플라스틱 조각이었던 적도 있었어요. 바다가 넓고 깊기는 하지만, 언제까지 이런 것들을 말없이 받아줄 수는 없어요. 이미 바다에는 미세 플라스틱이 플랑크톤보다 더 많이 떠다니고 있어요. 이것을 물고기가 먹고, 그 물고기를 우리가 먹고 있어요.

알바트로스를 살피는 실비아 얼

바다에 쓰레기가 쌓이는 만큼 우리 몸에도 똑같은 쓰레기가 쌓이
고 있다는 사실을 잊지 말아야 해요.

또, 한 가지 우리가 바다 자원을 고갈시키는 것도 심각한 문제예
요. 20세기 말에 조사한 결과에 따르면, 상어, 참치, 황새치, 고래처
럼 수백만 년 전부터 지구상에 살아온 거대한 바다 생명체의 90%
가 사라졌다고 해요. 이제 바다는 우리가 마음껏 써도 되는 무한 자
원이 아니에요. 인류가 공동으로 지켜야 하는 소중한 유산이지요.

지구 물의 97퍼센트를 차지하는 바다를 지키지 못한다면, 인류도 더 이상 지구에서 살아가기 어려워질 거예요. 내가 '미션 블루'를 세워 남은 생을 바치는 것도 사실은 인류의 미래를 지키는 데 조금이라도 도움이 되기 위해서지요.

나
가
며

 |

　이 책에 실린 여성 과학자들의 삶을 조사하면서 느낀 것은 인생에는 정답이 없다는 사실입니다. 이들 중에는 우젠슝처럼 딸을 위해 학교를 세울 정도로 교육열이 높은 부모를 둔 경우도 있는가 하면, 매리 킹슬리처럼 딸이 서른 살이 될 때까지 집안일만 시키며, 학교에도 보내지 않은 부모를 둔 경우도 있었습니다. 결국 가장 중요한 것은 본인의 마음이었습니다. 열정을 가지고 꿈을 포기하지 않는 사람이 좋은 환경에서 자라게 되면, 그만큼 힘을 얻어 더 크게 성공할 수 있었습니다. 하지만 나쁜 환경에 처했다 해도 그들에겐 별 문제가 되지 않았습니다. 꿈을 펼칠 수 없어 억눌려 지내는 동안 끊임없이 노력하며 때를 기다릴 줄 알았기 때문입니다. 그러다 어느 날 기회가 찾아왔을 때 그동안 쌓아온 실력과 재능을 유감없이 발휘하며 폭발적인 에너지로 누구도 이루지 못한 큰일을 해낼 수 있었습니다. 원래 무엇이든 방해물이 있어 뒤로 물러났을 때 그 반

작용으로 더 크게 튀어오르는 법입니다. 이것은 거스를 수 없는 우주 자연의 진리이지요.

여성 과학자들 중에는 간혹 살아생전에 그 업적을 인정받지 못해 안타까운 경우도 있었지만, 정작 본인들은 그다지 아쉬울 것도 없어 보입니다. 자신만의 일을 찾아 몰두하는 기쁨으로 충만한 삶을 살았기 때문입니다. 고대 이스라엘 왕으로서 온갖 부와 명예를 쌓고, 수많은 아내를 거느렸던 솔로몬은 전도서에서 "인생은 헛되고 헛되지만, 사람이 자기 일에 즐거워하는 것보다 나은 것이 없다."고 했습니다. 살면서 모든 것을 누렸지만 결국 죽음 앞에선 다 쓸모없다는 것을 깨달은 솔로몬도 자신의 사명에 충실했던 기쁨만은 더없이 크다고 했습니다. 심지어 그는 사람이 일하면서 심령으로 누리는 기쁨이야말로 '복 중의 복'이라 했습니다. 잘생기고 똑똑한데다가 왕의 아들로 태어난 금수저였던 솔로몬이 남들이 부러워할 만한 모든 좋은 것을 누려본 뒤 죽음을 앞두고 한 말이니만큼 믿어도 좋을 것 같습니다.

이 책에 실린 여성들은 남성들이 대다수를 차지하는 과학 분야에서 빛난 업적을 이루었기에 더욱 위대하게 느껴집니다. 대부분의 여성들은 학교에도 제대로 다니지 못하던 환경 속에서 자신만의 길을 찾아 꿋꿋하게 걸어갔기 때문에 그 의지와 용기가 더욱 대단해 보이기도 합니다. 이들 중 몇몇은 자신을 이해하고 지지해주는 좋은 부모님을 만나 넉넉한 환경에서 최고급 가정교육을 받기도 했지만, 대부분은 그와 정반대인 환경에서 살았습니다. 그런데 어떻게 이들은 그처럼 용기있게 포기를 모르고 끝까지 나아갈 수 있었을까요?

　로절린드 프랭클린이나 소피 제르맹의 아버지는 부자이면서도 딸을 대학에 보내려 하지 않았습니다. 구글의 보안 책임자로서 해커들을 무찌르고 있는 패리사 태브리즈는 부모님 두 분 모두 컴퓨터를 다룰 줄 몰랐기 때문에 대학에 가서야 처음으로 PC를 만져보았습니다. 서른 살까지 학교는 물론이고 집밖에도 나가지 않은 채 집안일만 했던 메리 킹슬리는 말할 것도 없지요. 하지만 이들에겐 인생을 바쳐 하고 싶은 일이 있었습니다. 그 일을 하는 열정과 기쁨을 놓치기 싫었기 때문에 어려움 앞에서도 결코 무릎 꿇지 않았습니다.

　이 책을 읽은 독자라면 누구나 자신이 가장 하고 싶은 일은 무엇인지 생각해보았으면 좋겠습니다. 만일 세상의 잣대를 들이대며 "그건 내게 무리야."라고 포기한 상태라면, 이 책에 나왔듯이 '다른 사람의 상상력' 안에 자신을 가두고 있는 것은 아닌지 돌아보세요. 인간은 말 한마디에도 깊은 상처를 받고 다시 일어서지 못할 만큼 연약하지만, 결국은 모든 것을 해낼 수 있을 만큼 강한 존재이기도 합니다.

　인간의 수명은 이미 100세를 넘어섰고, 앞으로 5G를 지나 6G, 7G… 이동통신시대를 맞아 양자 컴퓨터가 보급되면 지구상의 모든 사물과 인간의 두뇌가 인터넷으로 연결된다고 합니다. 그때가 되면 우리는 죽지 않는 존재가 될 것이라네요. SF 영화 같은 이야기이지만, 지구의 역사는 지금까지 SF 영화가 현실이 되는 방향으로 흘러온 것도 사실입니다. 앞으로는 더욱 그 속도가 빨라지겠지요.

　우리가 우리 자신을 연약한 존재로 보는 한, 우리는 공부도 못하고, 취업도 못한, 사회에서 보기에 한심한 존재로 머물게 될 것입니다. 하지만 "그래서 어쩌라고?"를 외치며 세상과 당당하게 맞서보세요. 그리고 엘리자베스 블랙웰이 여학생 입학을 금지하는 미국 의과 대학의 전통을 무시하고 모든 대학에 지원서를 보내듯, 용기를 내보세요. 사람들은 안 된다고 하지만, 내가 원하는 일이고, 또 그 일이 더 많은 사람들에게 좋은 영향을 끼칠 수 있는 일이라면 끝까지 포기하지 않은 근성을 보여주세요. 세상이 이기나 내가 이기나 한 번쯤 도전해보는 것만큼 재미있는 게임도 없지 않나 싶어요. 마지막 승자가 될 이 책의 독자 여러분들께 뜨거운 박수를 보내드립니다.

· 프런티어 걸들을 위한 과학자 편지 ·

사진자료 출처

연합뉴스

33쪽, 36쪽

—

셔터스톡

81쪽

—

(cc)

24쪽: Bruno Barral

—

기타

127쪽: Rosalie Winard

241, 245쪽: courtesy of Mote Marine Laboratory

참고자료

1부 변화를 두려워하지 않는 용기를 가지다

1. 세계 최초의 컴퓨터 프로그래머 에이다 러브레이스의 편지
   · https://www.history.com/news/10-things-you-may-not-know-about-ada-lovelace
   · https://www.biography.com/scholar/ada-lovelace
   · http://mentalfloss.com/article/53131/ada-lovelace-first-computer-programmer
   · https://www.famousscientists.org/ada-lovelace/
   · https://www.newyorker.com/tech/annals-of-technology/ada-lovelace-the-first-tech-visionary

2. 유인원 연구에 새로운 길을 연 제인 구달의 편지
   · https://www.janegoodall.org/our-story/about-jane/
   · https://www.masterclass.com/classes/jane-goodall-teaches-conservation
   · https://time.com/collection/100-most-influential-people-2019/5567774/jane-goodall/
   · https://www.dw.com/en/environmental-protection-the-biggest-problem-is-greed-says-conservationist-jane-goodall/a-49556942
   · https://www.rootsandshoots.org/
   · https://www.ukri.org/women-in-research-and-innovation/gallery-of-pioneers/jane-goodall/

3. 미국 물리학회 회장이자 핵물리학자 우젠슝의 편지
  · https://scientificwomen.net/women/wu-chien-shiung-94
  · https://www.biography.com/scientist/chien-shiung-wu
  · https://www.atomicheritage.org/profile/chien-shiung-wu
  · https://cosmosmagazine.com/physics/forgotten-women-in-science-chien-shiung-wu
  · http://scihi.org/chien-shiung-wu-conservation-parity/

4. 해커들을 연구하는 구글 보안 전문가 패리사 태브리즈의 편지
  · https://ai.google/research/people/author36241/
  · https://www.nytimes.com/2019/09/05/business/parisa-tabriz-google-work-diary.html
  · https://www.hks.harvard.edu/faculty/parisa-tabriz
  · https://twitter.com/laparisa
  · https://edition.cnn.com/2015/03/13/tech/parisa-tabriz-security-princess-google-hack/index.html

5. 최초의 흑인 여성 우주비행사 메이 제머슨의 편지
  · https://www.space.com/17169-mae-jemison-biography.html
  · https://www.womenshistory.org/education-resources/biographies/mae-jemison
  · https://www.newscientist.com/article/2196013-mae-jemison-the-astronaut-plotting-a-journey-to-other-stars/
  · http://teacher.scholastic.com/space/mae_jemison/index.htm
  · https://www.forbes.com/sites/kionasmith/2017/09/12/astronaut-mae-jemison-made-history-25-years-ago-today/#6729288f58ea

6. 파리 아카데미 대상을 받은 첫 여성 수학자 소피 제르맹의 편지
· http://mathworld.wolfram.com/SophieGermainPrime.html
· https://www.britannica.com/biography/Sophie-Germain
· https://simonsingh.net/books/fermats-last-theorem/sophie-germain/
· https://www.famousscientists.org/sophie-germain/
· https://famous-mathematicians.com/sophie-germain/
· https://scientificwomen.net/women/germain-sophie-39

7. 여자 의과대학을 세운 미국 최초 여성 의사 엘리자베스 블랙웰의 편지
· https://www.womenshistory.org/education-resources/biographies/
  elizabeth-blackwell
· https://cfmedicine.nlm.nih.gov/physicians/biography_35.html
· http://www.bristol.ac.uk/blackwell/about/elizabeth-blackwell/elizabeth-
  blackwell-biography/
· https://www.medicalnewstoday.com/articles/316439.php
· https://www.famousscientists.org/elizabeth-blackwell/

8. 최초의 대화형 컴퓨터 프로그램 언어 개발자 그레이스 호퍼의 편지
· https://ghc.anitab.org/about-grace-hopper/
· https://www.biography.com/scientist/grace-hopper
· https://www.public.navy.mil/surfor/ddg70/Pages/namesake.aspx
· https://www.famousscientists.org/grace-murray-hopper/
· https://www.womenshistory.org/education-resources/biographies/grace-
  hopper

9. 바닷속 지도를 그린 해양지질학자 마리 타프의 편지
· https://www.forbes.com/sites/davidbressan/2018/07/30/hundreds-
  missing-and-many-feared-dead-after-laos-dam-collapse/#46e98ede7f91
· https://www.nationalgeographic.com/news/2017/02/marie-tharp-map-

ocean-floor/
- https://www.whoi.edu/news-insights/content/marie-tharp/
- https://www.gislounge.com/marie-tharp-and-mapping-ocean-floor/
- https://massivesci.com/articles/marie-tharp-bottom-ocean-maps/

10. 자폐증을 가진 동물학자 템플 그랜딘의 편지
- https://www.templegrandin.com/
- https://www.medscape.org/viewarticle/498153
- https://www.elsevier.com/connect/temple-grandin-on-the-kinds-of-minds-science-desperately-needs
- https://med.stanford.edu/news/all-news/2014/11/5-questions--temple-grandin-discusses-autism--animal-communicati.html
- https://www.autism.org/temple-grandin-inside-asd/

3부 남성보다 무한히 많은 장애물에 당당히 맞서다

11. 나비의 변태를 최초로 정확히 그려낸 마리아 지빌라 메리안의 편지
- https://www.themariasibyllameriansociety.humanities.uva.nl/
- https://www.bbvaopenmind.com/en/science/leading-figures/maria-sibylla-merian-la-mujer-convirtio-la-ciencia-arte/
- https://easyscienceforkids.com/maria-merian/
- https://scientificwomen.net/women/merian-anna_maria_sibylla-67

12. 아프리카의 종교와 문화를 연구한 탐험가 매리 킹슬리의 편지
- http://womenineuropeanhistory.org/index.php?title=Mary_Kingsley
- http://www.victorianweb.org/history/explorers/1.html
- https://www.passport-collector.com/mary-kingsley-was-a-fearless-victorian-lady-explorer/
- https://biography.yourdictionary.com/mary-kingsley
- https://www.historytoday.com/archive/death-mary-kingsley

13. 『침묵의 봄』을 쓴 생물학자이자 환경운동가 레이첼 카슨의 편지

- https://www.rachelcarson.org/
- https://www.womenshistory.org/education-resources/biographies/rachel-carson
- https://www.biography.com/scientist/rachel-carson
- https://www.livescience.com/62185-rachel-carson-biography.html
- https://www.carsoncenter.uni-muenchen.de/about_rcc/archive/mission/rachel_carson_bio/index.html
- https://www.sciencehistory.org/historical-profile/rachel-carson

14. 아폴로 13호가 무사히 지구로 돌아오게 한 수학자 캐서린 존슨의 편지

- https://scientificwomen.net/women/johnson-katherine-100
- https://www.nasa.gov/content/katherine-johnson-biography
- https://www.space.com/nasa-katherine-johnson-101-birthday.html
- https://www.computerhistory.org/fellowawards/hall/katherine-johnson/
- https://wehackthemoon.com/bios/katherine-johnson

15. NASA의 컴퓨터 과학자이자 시스템 공학자 마거릿 해밀턴의 편지

- https://edition.cnn.com/2019/07/19/us/apollo-11-margaret-hamilton-50th-anniversary-trnd/index.html
- https://www.computerhistory.org/fellowawards/hall/margaret-hamilton/
- https://www.kidscodecs.com/margaret-hamilton/
- http://klabs.org/home_page/hamilton.htm
- https://wehackthemoon.com/people/margaret-hamilton-her-daughters-simulation

4부 지금 하고 있는 일을 진정으로 사랑하다

16. 이크티오사우루스를 발견한 공룡화석 연구가 매리 애닝의 편지

- https://ucmp.berkeley.edu/history/anning.html

· 참고자료 ·

- https://www.nhm.ac.uk/discover/mary-anning-unsung-hero.html
- https://www.theguardian.com/science/2019/mar/16/mary-anning-female-fossil-hunter-changed-science
- https://www.famousscientists.org/mary-anning/

17. 우주의 크기를 깨닫도록 길을 열어준 천문학자 헨리에타 리비트의 편지

- https://astronomy.com/news/2019/02/meet-henrietta-leavitt-the-woman-who-gave-us-a-universal-ruler
- https://scientificwomen.net/women/leavitt-henrietta-55
- https://www.famousscientists.org/henrietta-swan-leavitt/
- https://www.space.com/34708-henrietta-swan-leavitt-biography.html
- https://www.aavso.org/henrietta-leavitt-%E2%80%93-celebrating-forgotten-astronomer

18. 세상을 바꾼 백일해 백신 개발자 펄 켄드릭과 그레이스 엘더링의 편지

- https://www.ncbi.nlm.nih.gov/pmc/articles/PMC3298325/
- https://www.famousscientists.org/pearl-kendrick/
- https://wwwnc.cdc.gov/eid/article/16/8/pdfs/10-0288.pdf
- http://www.softschools.com/facts/scientists/pearl_kendrick_facts/1743/
- https://www.geni.com/people/Pearl-Kendrick/6000000032485396838
- http://www.michiganwomenshalloffame.org/Inductee_PDFs%20New/Eldering_Grace.pdf
- https://seekingmichigan.org/look/2010/03/09/wc-vaccine

19. 배우이자 와이파이 발명가 헤디 라마의 편지

- https://www.hedylamarr.com/
- https://scientificwomen.net/women/lamarr-hedy-128
- https://www.womenshistory.org/education-resources/biographies/hedy-lamarr
- https://www.theguardian.com/film/2018/mar/08/hedy-lamarr-1940s-bombshell-helped-invent-wifi-missile

· https://www.invent.org/inductees/hedy-lamarr

20. 상어 연구에 평생을 바친 동물학자 유지니 클라크의 편지
· https://ocean.si.edu/ocean-life/sharks-rays/eugenie-clark-shark-lady
· https://oceanservice.noaa.gov/news/may15/eugenie-clark.html
· https://mote.org/staff/member/eugenie-clark
· https://womenyoushouldknow.net/its-shark-week-meet-marine-biologist-eugenie-clark-also-known-as-the-shark-lady/
· https://www.sharksider.com/eugenie-clark/

5부 무슨 일이든 스스로 생각하고 행동하다

21. 방사능 물질을 밝혀낸 물리학자이자 화학자 마리 퀴리의 편지
· https://scientificwomen.net/women/curie-marie-8
· https://www.mariecurie.org.uk/who/our-history/marie-curie-the-scientist
· https://www.atomicheritage.org/profile/marie-curie
· https://interestingengineering.com/12-powerful-life-lessons-from-the-great-marie-curie
· https://www.livescience.com/38907-marie-curie-facts-biography.html

22. 미첼 혜성을 발견한 미국 최초 여성 천문학자 머라이어 미첼의 편지
· https://www.biography.com/scientist/maria-mitchell
· https://www.famousscientists.org/maria-mitchell/
· https://myhero.com/Maria_Mitchell_MMS
· https://www.nature.com/articles/d41586-018-05458-6
· https://scientificwomen.net/women/mitchell-maria-70

23. DNA의 이중나선 구조를 밝혀낸 화학자 로절린드 프랭클린의 편지
· https://scientificwomen.net/women/franklin-rosalind-38
· https://www.nature.com/scitable/topicpage/rosalind-franklin-a-crucial-

contribution-6538012/

· https://www.livescience.com/39804-rosalind-franklin.html

· https://www.forbes.com/sites/kionasmith/2018/04/16/rosalind-franklin-died-60-years-ago-today-without-the-nobel-prize-she-deserved/#64efd8dc79e7

· https://theconversation.com/rosalind-franklin-still-doesnt-get-the-recognition-she-deserves-for-her-dna-discovery-95536

24. 컴퓨터로 배를 설계한 흑인 여성 수학자 레이 몬터규의 편지

· https://www.independent.co.uk/news/world/americas/raye-montague-death-black-computer-program-us-navy-ship-design-hidden-figures-arkansas-a8586431.html

· https://usnhistory.navylive.dodlive.mil/2019/02/13/naval-history-matters-ray-montague/

· https://abcnews.go.com/Entertainment/meet-woman-broke-barriers-hidden-figure-us-navy/story?id=45566924

· https://connectingvets.radio.com/articles/raye-montague-ship-designer-computer-whiz-and-breaker-glass-ceilings

25. 인류 최초로 바다 밑을 걸었던 해양학자 실비아 얼의 편지

· https://mission-blue.org/about/

· https://www.unenvironment.org/championsofearth/laureates/2014/sylvia-earle

· https://events.nationalgeographic.com/speakers-bureau/speaker/sylvia-earle

· https://www.ted.com/talks/sylvia_earle_s_ted_prize_wish_to_protect_our_oceans?language=ko

프런티어 걸들을 위한
과학자 편지

1판 1쇄 펴냄 2020년 2월 5일
1판 3쇄 펴냄 2021년 12월 20일

지은이 유윤한

주간 김현숙 | **편집** 김주희, 이나연
디자인 이현정, 전미혜
영업 백국현, 정강석 | **관리** 오유나

펴낸곳 궁리출판 | **펴낸이** 이갑수

등록 1999년 3월 29일 제300-2004-162호
주소 10881 경기도 파주시 회동길 325-12
전화 031-955-9818 | **팩스** 031-955-9848
홈페이지 www.kungree.com | **전자우편** kungree@kungree.com
페이스북 /kungreepress | **트위터** @kungreepress
인스타그램 /kungree_press

ISBN 978-89-5820-632-3   03400

책값은 뒤표지에 있습니다.
파본은 구입하신 서점에서 바꾸어 드립니다.